著者简介

胡安·卡洛斯·阿隆索

古巴裔美国平面设计师、创意总监和插画家

他对大自然和野生动物充满热情，曾环游世界，从澳大利亚到加拉帕戈斯群岛等地，观察野生动物。他还创作有多部史前动物和野生动物相关图书。

曾多次荣获美国国家科学教师协会（National Science Teachers Association）、儿童读物委员会（Children's Book Council）和《古地球杂志》（Ancient Earth Journal）的青少年优秀科普图书奖。并多次入选国际教育协会及儿童读物委员会（International Literacy Association and Children's Book Council）推荐阅读书目。

审读专家

赵盛龙

浙江海洋大学海科学院教授

中国鱼类学会、浙江科普创作协会理事

从事海洋生物学教学与科研近40年，先后主持或参加《中国海洋鱼类数据库》《中国海洋鱼类图文库》《中国海洋贝类图文库》等国家、省、市、校级课题12项。

曾任浙江海洋大学海洋生物博物馆馆长。他建立了线上的"海洋生物标本馆"——中国海洋生物数据库。这个数据库是目前国内最为完备和规范的海洋鱼类专业网站。

出版有《现代海洋药物学》《鱼类学》《海洋生物学》等多本研究专著。1998年开始从事海洋科普教育，先后主编《海洋生物 鱼类》、《海洋教育》（1～4册，浙江省中小学地方教材）等海洋类科普读物。被誉为没有不认识的鱼的"鱼博士"。

动物笔记

神秘的海洋动物

[美]胡安·卡洛斯·阿隆索◆著

赵百灵◆译

南海出版公司

2021·海口

图书在版编目（CIP）数据

动物笔记. 神秘的海洋动物 / (美) 胡安·卡洛斯·
阿隆索著；赵百灵译. -- 海口：南海出版公司,
2021.3

ISBN 978-7-5442-9565-9

Ⅰ.①动… Ⅱ.①胡… ②赵… Ⅲ.①动物－青少年
读物②水生动物－海洋生物－青少年读物 Ⅳ.①Q95-49

中国版本图书馆CIP数据核字(2019)第046346号

著作权合同登记号　图字：30-2020-018

本书由美国 Quarto Publishing Group USA 授权北京书中缘图书有限公司出品并由
南海出版公司在中国范围内独家出版本书中文简体字版本。

DONGWU BIJI: SHENMI DE HAIYANG DONGWU
动物笔记：神秘的海洋动物

 策划制作： 北京书锦缘咨询有限公司（www.booklink.com.cn）
总策划： 陈　庆
策　划： 肖文静

著　者： ［美］胡安·卡洛斯·阿隆索
译　者： 赵百灵
特约审读： 赵盛龙
责任编辑： 张　媛
排版设计： 柯秀翠
出版发行： 南海出版公司　电话：（0898）66568511（出版）　（0898）65350227（发行）
社　　址： 海南省海口市海秀中路51号星华大厦五楼　邮编：570206
电子信箱： nhpublishing@163.com
经　销： 新华书店
印　刷： 北京利丰雅高长城印刷有限公司
开　本： 889毫米×1194毫米　1/16
印　张： 8
字　数： 139千
版　次： 2021年3月第1版　　2021年3月第1次印刷
书　号： ISBN 978-7-5442-9565-9
定　价： 138.00元

目 录

概述

地球的海洋面积超过 36260 万平方千米，覆盖了地球表面的 70% 以上，海洋可谓地球上最大的生物栖息地。然而，人类对海洋的探索却只有 5%。关于我们居住的星球，还有很多未知的秘密等待我们去揭开。

宽吻海豚

以宽吻海豚为例，其分类如下：

界： 动物界，指它属于动物。

门： 脊索动物门，指它属于具有脊索或脊椎的动物。

纲： 哺乳纲，指它属于哺乳动物。

目： 鲸目，指它属于海洋哺乳动物（包括鲸鱼）。

科： 海豚科，指它是海豚科家族的一员。

属： 宽吻海豚属，它属于海洋海豚。

种： 宽吻海豚。

它的学名是：

Tursiops truncatus

（*学名即拉丁名，一般不写种和亚种）

虽然地球上还有很多我们不知道的动物，但是已知并被记载的就有近一百万种。为了更好地梳理和理解每个物种之间的关系，研究分类学的科学家们根据《国际动物命名规约》（ICZN）对动物进行了分类。这一系统把每个动物分为七个级别：界、门、纲、目、科、属，最后是种。有些动物被进一步细分为亚种，这意味着它们与同一物种虽有亲缘关系，但已经发展出了自己独特的形态特征，因此可以进一步将它们与所属的物种区分开来。

世界大洋

　　地球上有一个彼此相通的咸水体——世界大洋，它被分为五个主要区域：太平洋、大西洋、印度洋、北冰洋和南冰洋。而那些面积不大，位于大陆边缘或被大陆环抱的咸水体则统称海，海与洋的性质有所区别，习惯中合称海洋。

　　大洋中有许多洋流，有些为暖流，由低纬度流向高纬度；有些为寒流，由高纬度流向低纬度，正是这些川流不息的洋流，使全球海水的冷暖得以不停交换，由此左右了全球的温度和气候变化，简单地说，地球上的"风调雨顺"，在很大程度上，拜海洋所赐。

世界大洋

大洋中的海和海湾

1. 哈得孙湾　　5. 地中海　　9. 孟加拉湾
2. 墨西哥湾　　6. 黑海　　10. 珊瑚海
3. 加勒比海　　7. 红海
4. 北海　　　　8. 阿拉伯海

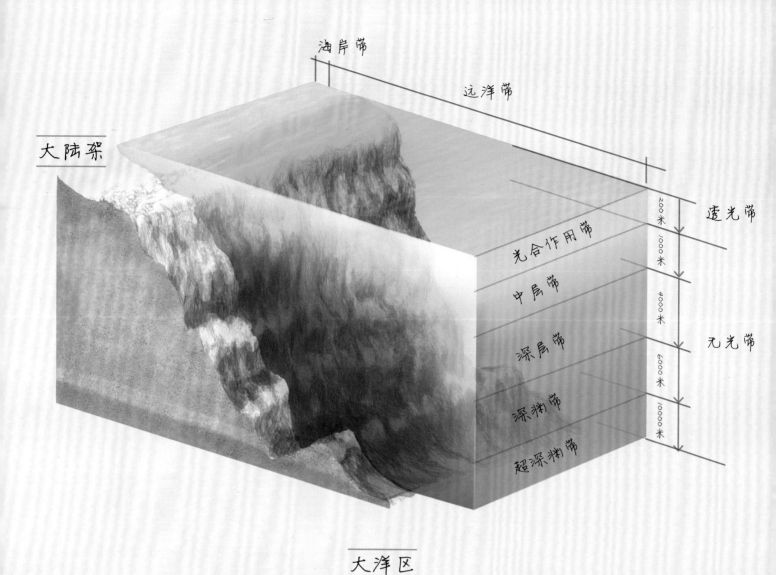

海岸带

远洋带

大陆架

光合作用带

中层带

深层带

深渊带

超深渊带

透光带

无光带

200米

1000米

4000米

6000米

10000米

大洋区

海洋平均深度约为 3658 米，马里亚纳海沟最深处深度约为 10971 米。人们按照深度将海洋分成不同的区域，称为大洋区。从最浅到最深依次为：光合作用带、中层带、深层带、深渊带、超深渊带，通过上图可以了解它们的深度范围。

阳光只能穿透海水表层 192 米深，阳光可以穿透的这片海洋区域被称为透光带，正下方便是无光带，那里只有微弱的光或根本没有光。越向下穿越，光线会变得越来越暗。

1000 米以下的深层带，为绝对无光区，海水一片漆黑，同时水温也更低，仅 0℃～ 4℃。

海洋在水平方向上一般被划分为两个区域：海岸带和远洋带，海岸带指的是海岸线附近的浅水区，远洋带指的是远离海岸的开阔大洋。

海洋动物

　　海洋动物指的是生活在海洋中或依靠海洋生存的动物。大多数海洋动物一直生活在水中，比如鱼类或鲸类；还有一些海洋动物，如北极熊、海豹和企鹅等，则有一半时间生活在陆地上。所有海洋动物都生活在各种各样的生态系统中，从红树林到珊瑚礁，从浅海到深海，每种生物都有与之相适应的生态系统，以此构成了海洋生态系统的多样性。

　　已知的海洋动物种类已经超过23万种，平均每年还会发现2000种新物种。海洋学家乐观估计，海洋中至少还有200多万种物种尚未被发现。

　　除大型生物外，海洋中更多的是微小生物，如果不借助显微镜，人们很难发现。这些微小生物，包括植物、动物、细菌和原生动物等，数量庞大，统称浮游生物。浮游生物的种类繁多，有单细胞的，也有多细胞个体，还有卵以及大型动物（如鱼类、甲壳类等）的幼体。

　　浮游生物按其属性，可分为浮游动物和浮游植物两大类。

浮游动物

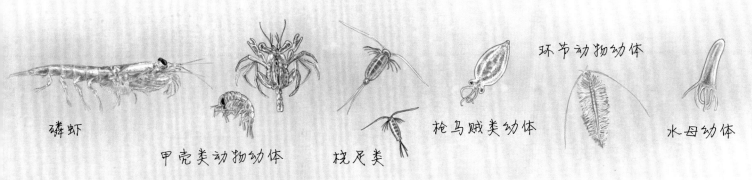

磷虾　　　甲壳类动物幼体　　　梳足类　　　枪乌贼类幼体　　　环节动物幼体　　　水母幼体

浮游植物

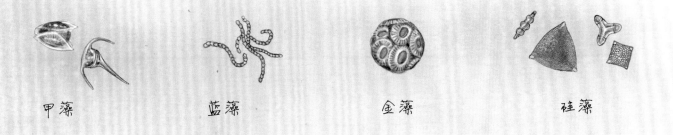

甲藻　　　蓝藻　　　金藻　　　硅藻

海洋食物网

　　食物网指各类海洋生物之间，通过"吃与被吃"，而表现出的一系列能量转移过程的"线路图示"。食物网始于生产者，即自己能制造食物的生物。与陆地上的植物一样，海洋中分布最广泛的浮游植物，也能利用阳光，通过光合作用，产生有机物，从而构成海洋食物网的基础。而浮游动物通常依靠捕食浮游植物获取能量，同时自身又构成小型鱼类、滤食性动物以及更高级生物的食物，以此传递，直至生态系统中的顶级捕食者。如此每一次能量的转移称为营养级。

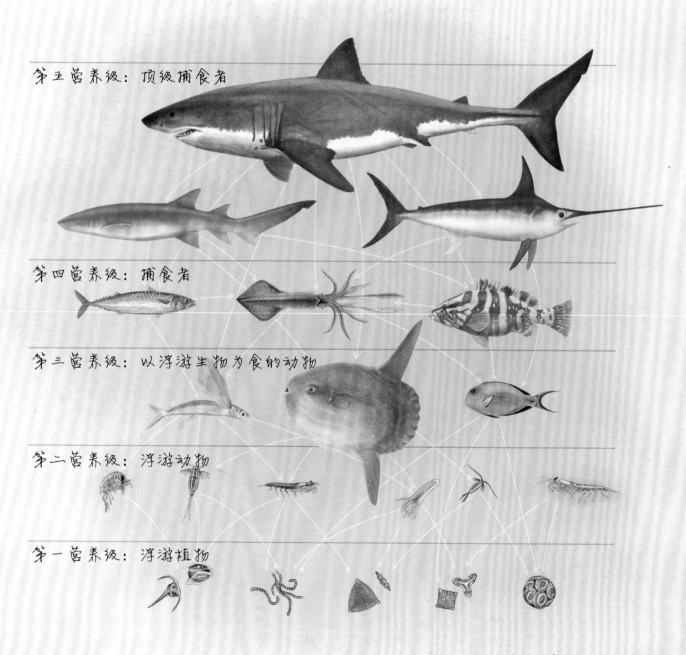

第五营养级：顶级捕食者

第四营养级：捕食者

第三营养级：以浮游生物为食的动物

第二营养级：浮游动物

第一营养级：浮游植物

（＊大小未按比例呈现。）

食物网由每个生态系统中的几条食物链组成，生态系统中的每个物种对食物网而言都至关重要，并且可以影响其他物种的存续。海洋生态学家特别关注栖息地、种群和生物之间的相互关系，以及人类环境的改变会对其他物种造成怎样的影响。

在本书接下来的内容中，我们将探索不同种类的海洋哺乳动物、鱼类、鸟类、爬行动物和头足类动物。我们将着眼于每个群体的独特特征、适应特征，以及它们与在地球庞大生命群落中相互依存的其他动物之间的关系。

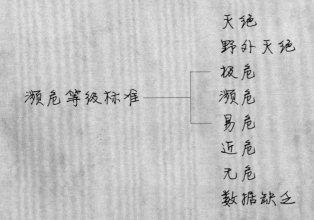

物种保护状况评估

五十多年来，IUCN 全球物种项目一直追踪世界各地每个物种和亚种的保护状况，并创建 IUCN 红色名录评测物种面临的灭绝风险。如果想要了解更多信息，请访问其网站 www.iucnredlist.org。

天绝
野外天绝
极危
濒危等级标准 ——— 濒危
易危
近危
无危
数据缺乏

本书中涉及的每个物种都包含了对其保护状况的评估。

海洋哺乳动物

　　与陆地哺乳动物一样，海洋哺乳动物也是温血动物，依靠乳腺分泌的乳汁喂养幼崽。海洋哺乳动物主要有三个目：食肉目（北极熊、海獭、海豹）、鲸目（鲸）和海牛目（海牛、儒艮）。为了适应海洋生活，大多数海洋哺乳动物的身体发生了特化*，如皮毛退化、表皮下出现厚厚的脂肪层（鲸脂）。脂肪层既可用来御寒，又可作为能量来源以备不时之需。许多种类的海洋哺乳动物在水下时，还能减缓心率或代谢，以延长在水下的活动时间。

目： 食肉目、鲸目、海牛目

种： 130 种以上

体长范围： 从 1.1 米（猫獭）到 30 米（蓝鲸）

体重范围： 从 5.9 千克（猫獭）到 136 吨（蓝鲸）

地理分布： 世界各大洋

栖息地： 从温暖的热带水域到寒冷的极地水域

概述： 包括鲸在内的所有海洋哺乳动物都有毛发，很多种类的鲸出生后不久毛发就会脱落。蓝鲸是地球上已知的现存最大的动物。柯氏喙鲸是潜水最深的海洋哺乳动物，它们能够下潜至海面以下 3000 米处。

*编者注：特化是由一般到特殊的生物进化方式。指物种适应于某一独特的生活环境、形成局部器官过于发达的一种特异适应。

海洋哺乳动物

- **食肉目**
  - 熊科（北极熊）
  - 鼬科（海獭）
  - 鳍足亚目
    - 海豹科（海豹）
    - 海狮科（海狮）
    - 海象科（海象）
- **鲸目（鲸）**
  - 齿鲸亚目（齿鲸）
  - 须鲸亚目（须鲸）
- **海牛目**
  - 海牛科（海牛）
  - 儒艮科（儒艮）

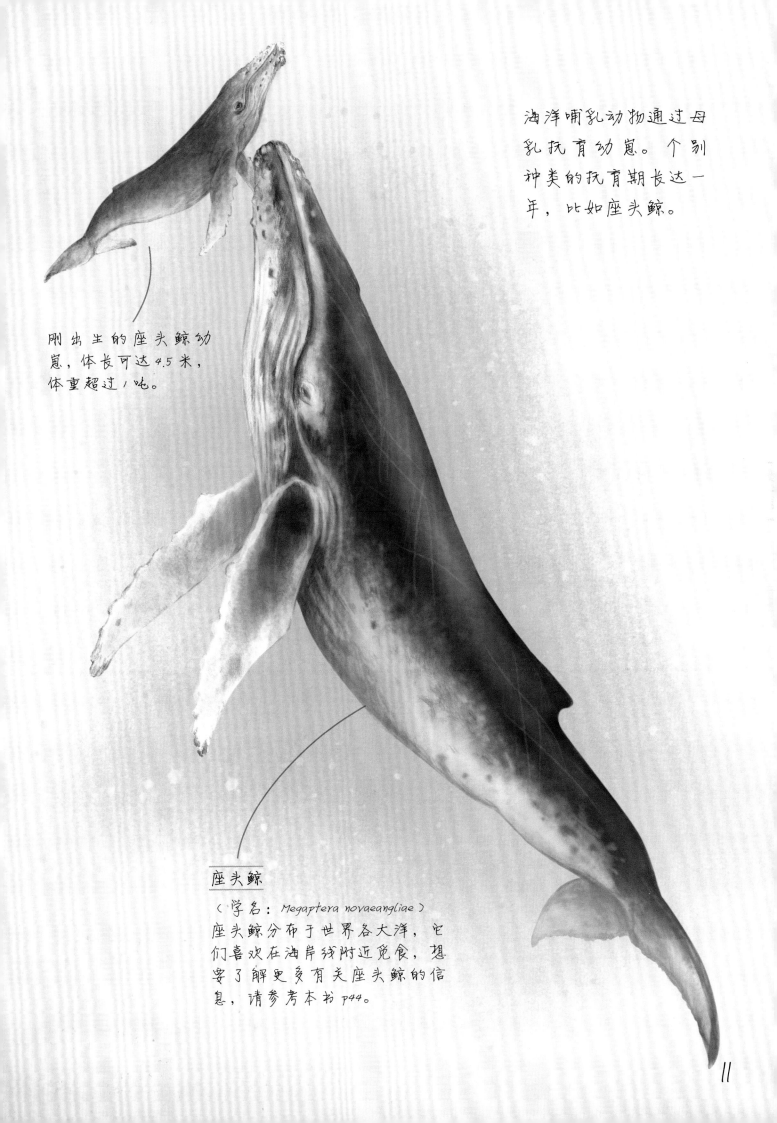

海洋哺乳动物通过母
乳抚育幼崽。个别
种类的抚育期长达一
年，比如座头鲸。

刚出生的座头鲸幼
崽，体长可达4.5米，
体重超过1吨。

座头鲸

（学名：Megaptera novaeangliae）
座头鲸分布于世界各大洋，它
们喜欢在海岸线附近觅食，想
要了解更多有关座头鲸的信
息，请参考本书 p44。

食肉目
熊科（北极熊）

　　北极熊是海洋哺乳动物中唯一的熊科成员。北极熊生活在由北冰洋极地冰盖形成的陆地及周边地区。北极熊的皮毛分两层，外层毛发和内层致密的防水绒毛，加上厚厚的皮下脂肪层，以此来抵御北极的严寒。北极熊的皮肤呈黑色，有助于吸收和存储太阳的热量，不过由于全身覆盖毛发，因此只能从鼻头和肉垫上看出原本的黑色皮肤。北极熊利用敏锐的嗅觉和视觉，捕食环纹海豹和髯海豹，它们还以白鲸为食，有时也会觅食动物的尸体。

北极熊

（学名：ursus maritimus）
北极熊分布于整个北极圈，栖息在海水凝结而成的冰盖之上。
体长：2.9米
体重：318～680千克
保护状况：易危

巨大的身体上覆盖着两层浓密、防水的油性毛发。

头部宽大。

短尾，长度仅为10厘米。

为了节省能量，北极熊常常以非常慢的速度移动，不过它们的爆发速度极快。

四肢粗壮有力。

小而圆的外耳。

小眼睛。

鼻梁隆起处呈独特的弓形。

牙齿大而锋利，用于捕食移动中的猎物。

脚掌上覆盖着肉质凸起，有助于在光滑的冰面上行走。

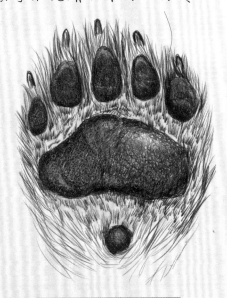

北极熊右前掌特写

北极熊的脚掌宽度可达30厘米，宽阔的脚掌有助于在深雪中穿行或在水中游泳。

北极熊非常擅长游泳，最高时速可达9.7千米，几乎是游泳运动员时速的两倍。

鼬科（海獭）

　　鼬科是一个种类繁多的哺乳动物类目，包括黄鼬、臭鼬、白鼬、貛、狼貛等。其中只有猫獭（学名：*Lontra felina*）和海獭两种为海洋哺乳动物。成年猫獭最大体长仅1.1米，是所有海洋哺乳动物中个体最小的，它们栖息于南美洲西部沿海的咸水环境中，但大部分时间并非待在水里。而海獭则绝大多数时间都在水里活动，偶尔上岸清洁毛发或哺育幼崽。海獭潜入海中多半是为了觅食，尤其喜食海胆、双壳类及蟹类等，偶尔也会捕食鱼类。一旦找到食物，便回到海面，仰躺着将食物放在腹部进食。令人称奇的是，海獭会使用石头作为工具，将石头放在腹部作为"砧板"，以此砸开海胆、双壳类及蟹类等的外壳，然后啃食其肉。

海獭栖息在海岸线附近，多生活于水深15～23米的范围内，并在那里潜水觅食。

海獭

（学名：*Enhydra lutris*）
分布于美国、加拿大至俄罗斯东部的太平洋沿岸地区。
体长：0.9～1.2米
体重：22～45千克
保护状况：濒危

前肢较短，爪尖可伸缩。

后肢宽大有蹼，尾巴呈半扁平状，适于游泳。

鼻孔可以闭合,
防止水进入体内。

小耳朵,在水下
也可以闭合。

海獭的身上没有类似
鲸脂的厚厚脂肪层,
但它们却拥有堪称动
物王国中最致密的皮
毛——每平方厘米多
达15万根绒毛!

海獭大部分时间
都漂浮在海面上
进食或梳理自己
的毛发。

鳍足类动物（鳍足亚目）

　　鳍足类动物因足部呈鳍状而得名，为食肉目中的一个亚目，包括海豹科、海狮科及海象科三科，共三十三种。海豹科也称真海豹或无耳海豹（true or earless seals）；海狮科也称有耳海豹（eared seals），包括海狗和海狮；海象科只有海象一种。鳍足类动物体长 0.9～5.8 米，皮下都有一层厚厚的脂肪层，能在寒冷环境中保持体温，虽然已经完全适应了海洋生活，但在陆地上它们的视觉和嗅觉也相当发达。

海豹科（海豹）

　　海豹科共有十九种，主要生活在气候寒冷的南北极地区。与海狮科动物不同，它们没有耳郭，只有一个小小的"耳洞"。此外，由于海豹的后肢不能弯曲，在陆地上显得很"笨拙"，行动时不仅要依靠鳍状前肢上的爪子，还得扭动腹部，样子非常滑稽，人们因此戏称它们为爬行海豹（crawling seals）。

一层厚厚的脂肪包裹着巨大的身躯。

头部相对较小。

长有浓密、粗硬的胡须。

髯海豹

（学名：*Erignathus barbatus*）
髯海豹分布于北极圈内，主要以蛤、鱼类和鱿鱼为食。
体长：1.8～2.4 米
体重：200～431 千克
保护状况：无危

海豹科（俗称真海豹或无耳海豹）

口鼻部短。

无耳郭。

胡须或触须细。

海豹科的头部特性

爪发达，抓地力强，能推动身体移动。

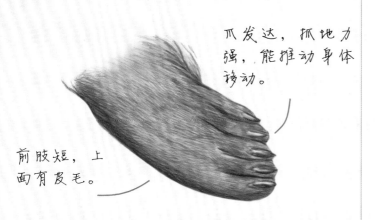

前肢短，上面有皮毛。

海豹科的前肢（鳍状肢）

左右后肢愈合，各趾间具蹼。游泳时，各趾张开，借助蹼的摆动，推动身体前行。

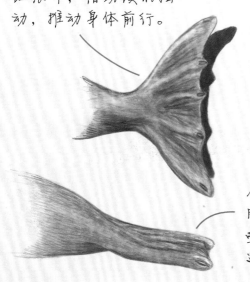

在陆上，后肢各趾呈折叠状，无"推进"功能。

海豹科的鳍状后肢

海狮科（俗称有耳海豹）

鼻部相对长。

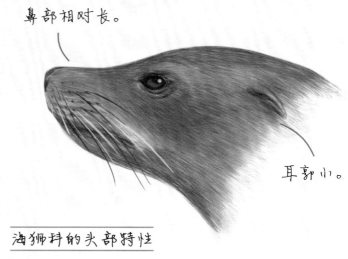

耳郭小。

海狮科的头部特性

爪退化。

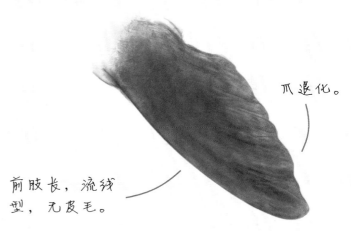

前肢长，流线型，无皮毛。

海狮科的鳍状前肢

左右后肢分离，各趾间无蹼。游泳时，后肢动力弱。

在陆地上，则可依靠后肢支撑身体，辅助行走。

海狮科的鳍状后肢

海豹科（接上页）

冠海豹

（学名：*Cystophora cristata*）
冠海豹广布于北冰洋和大西洋北部的浮冰带，以甲壳类动物、磷虾和大型比目鱼及鳕鱼等鱼类为食。
体长：1.8～2.7米
体重：145～408千克
保护状况：易危

因鼻腔隆起呈冠状而得名。

雄性冠海豹的鼻腔富有弹性，发怒时能够从鼻孔一直膨胀延伸至头顶，且鼻囊也向外突出呈球状，这是动物世界中奇特的攻击性行为之一。

粗壮的身体上布满黑白图案。

环海豹

（学名：*Histriophoca fasciata*）
环海豹广布于太平洋北部北极附近区域，以鳕（*Gadus*）、青鳕（*Pollachius*）、鱿鱼和章鱼等动物为食。
体长：1.6米
体重：95千克
保护状况：无危

全身皮毛黑色，且有明显白色"环状"图案。

眼睛大，正视，
眼间隔宽。

港海豹的头部特写

在水下时鼻
孔可以闭合。

港海豹

（学名：*Phoca vitulina*）

港海豹广泛分布于包括美国、加
拿大和北欧在内的太平洋及大西
洋沿岸水域，有五个地理亚种。
它们以鲑科鱼类为食，也捕食虾
类、双壳类及其他软体动物。

体长：1.8 米
体重：111 千克
保护状况：无危

长须。

圆柱形的身体
呈流线型，适
于游泳。

毛发上的斑点为蓝灰
色过渡至棕褐色。

海豹科（接上页）

同海豹科（无耳海豹）所有成员一样，豹海豹依靠后肢推动身体前进。

背部为银灰色过渡至深灰色。

细长的身体上带有斑点。

豹海豹

（学名：*Hydrurga leptonyx*）

豹海豹分布于南极大陆周围的海洋，据悉它们也会向北游至南美洲南部、南非、新西兰和澳大利亚南部海岸附近。豹海豹的食性很广，且凶猛，除了企鹅，它们还会捕食威德尔海豹、南极毛皮海狮等其他海豹，同时也间食磷虾、鱿鱼等。

体长：2.5 ～ 3.5 米

体重：200 ～ 612 千克

保护状况：无危

豹海豹是仅次于虎鲸的南极第二大肉食性动物。

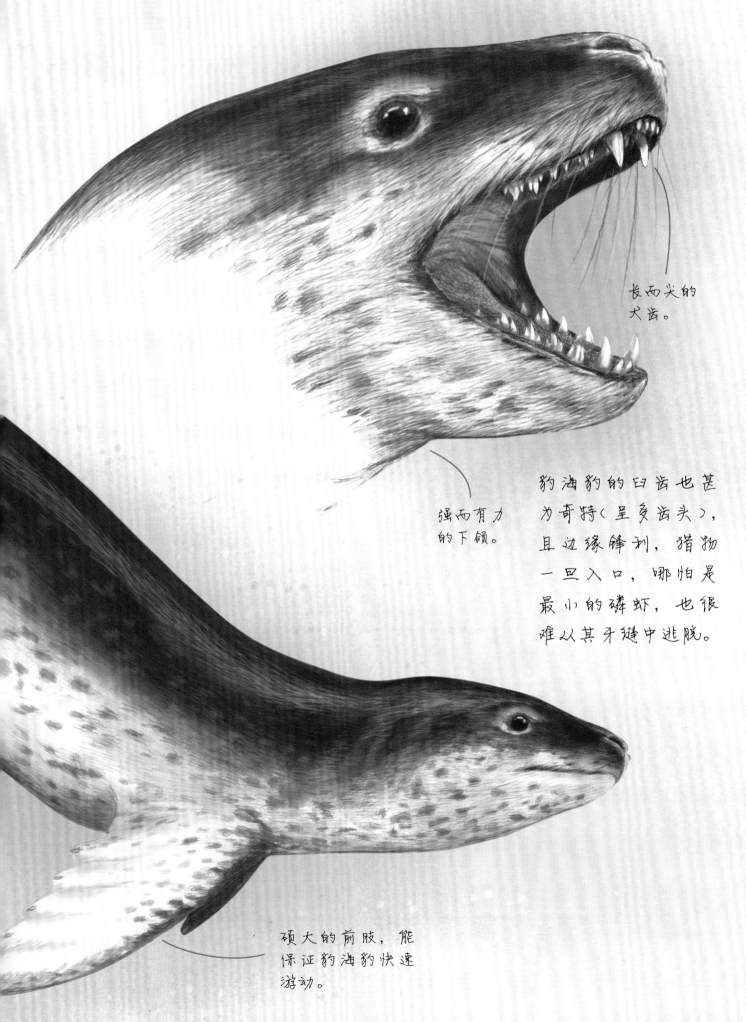

长而尖的
犬齿。

强而有力
的下颌。

豹海豹的臼齿也甚
为奇特（呈多齿头），
且边缘锋利，猎物
一旦入口，哪怕是
最小的磷虾，也很
难从其牙缝中逃脱。

硕大的前肢，能
保证豹海豹快速
游动。

海豹科（象海豹）

　　通称的象海豹有北象海豹（学名：*Mirounga angustirostris*）和南象海豹（学名：*Mirounga leonina*）两种。其中南象海豹不仅是最大的鳍足类动物，也是地球上（包括陆地动物）最大的食肉目动物。雄性南象海豹的最大体长可达5.8米，重3175千克。源于其庞大的身躯及标志性的长鼻子，故得名象海豹，但其实它与生活在陆地上的同名动物——大象，并没有亲缘关系。象海豹的鼻子很奇特，在呼气时还能回收水分，以保持在陆地上时体内的水分。此外，当几头雄性争霸时，"长鼻子"还能发出很大的咆哮声，以此震慑其他雄性。

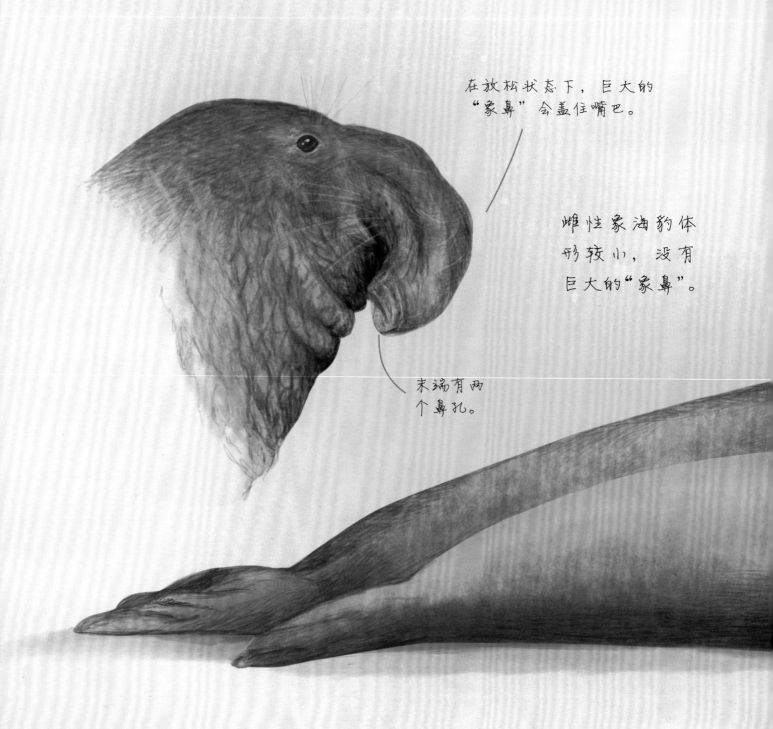

在放松状态下，巨大的"象鼻"会盖住嘴巴。

雌性象海豹体形较小，没有巨大的"象鼻"。

末端有两个鼻孔。

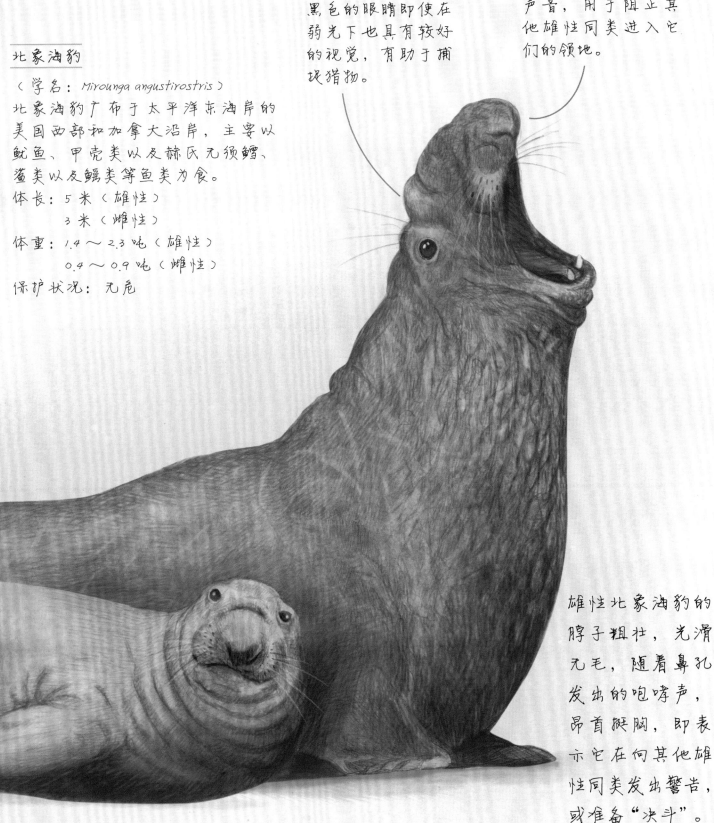

北象海豹

（学名：*Mirounga angustirostris*）
北象海豹广布于太平洋东海岸的美国西部和加拿大沿岸，主要以鱿鱼、甲壳类以及赫氏无须鳕、鲨类以及鳐类等鱼类为食。

体长：5 米（雄性）
　　　3 米（雌性）
体重：1.4～2.3 吨（雄性）
　　　0.4～0.9 吨（雌性）
保护状况：无危

黑色的眼睛即使在弱光下也具有较好的视觉，有助于捕捉猎物。

北象海豹用大鼻子呼气并发出响亮的声音，用于阻止其他雄性同类进入它们的领地。

雄性北象海豹的脖子粗壮，光滑无毛，随着鼻孔发出的咆哮声，昂首挺胸，即表示它在向其他雄性同类发出警告，或准备"决斗"。

海狮科（海狮）

　　海狮科包括各种海狮和海狗，共十四种。它们的分布范围十分广泛，从极地到温带地区，甚至在位于赤道上的加拉帕戈斯群岛都有分布。海狮俗称有耳海豹，是一种高度社会化的动物，喜欢群居，它们族群中的个体数量有时多达几百头甚至更多。不论哪种海狮，其雄性都比雌性大得多，个别雄性的体重甚至可达雌性的两倍多，这种现象被称为"雌雄二型（Sexual dimorphism）"。海狮以鱼类、鱿鱼和磷虾为食，它们可以潜入海面以下 100 米深的水域内觅食。

雄性北海狮的体形比雌性大得多，随着年龄的增长，它们的脖子会变得越来越粗。

海狮可以发出洪亮的吼叫和呼噜声。

小小的外耳。

雌性北海狮

后肢的作用类
似桅，极少情
况下也能推动
海狮前进。

加州海狮聪明伶
俐、身体灵活，水
下动作甚为敏捷。

加州海狮

（学名：zalophus californianus）
加州海狮分布于墨西哥、美
国至加拿大的太平洋沿岸。
它们主要以鱿鱼为食，但同
时，其自身也是虎鲸和大白
鲨的猎物。

体长：2.4 米（雄性）
　　　约 1.8 米（雌性）
体重：349 千克（雄性）
　　　约 100 千克（雌性）
保护状况：无危

巨大的前肢
有助于在水
下游泳。

海狮四肢均可着地，
在陆地上"行走"
远比海豹灵活。

北海狮

（学名：Eumetopias jubatus）
北海狮分布于美国西部至日本
北部的太平洋北部沿岸，是海
狮科中体形最大的。
体长：3.3 米（雄性）
　　　2.4 米（雌性）
体重：1 吨（雄性）
　　　0.3 吨（雌性）
保护状况：近危

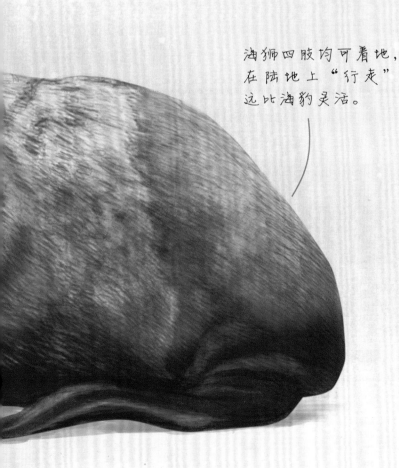

海象科（海象）

　　海象科下仅有海象（学名：*Odobenus rosmarus*）一种，也有人将其细分为大西洋海象（学名：*O. r. rosmarus*）、太平洋海象（学名：*O. r. divergens*）和拉普捷夫海象（学名：*O. r. laptevi*）等三个地理亚种。海象很容易辨认，因为它们的口中长有长达0.9米的犬齿。海象与海狮以及海豹有很多共同特征。像海狮一样，海象的四肢也可以支撑它们的身体在陆地上移动；海象没有耳郭，这一点则与海豹类似。海象的皮肤厚度可达7.5厘米，其下方还有一层厚达15厘米的鲸脂。海象的捕食有很大的机会性，食谱很广，包括软体动物、软珊瑚（即一类没有石灰质外壳的珊瑚）、虾蟹等甲壳类，偶尔也会捕食海豹。海象主要分布在北极和北冰洋附近海域。

海象在潜水时，可以通过降低心率在水下停留十分钟。

海象是高度群居的动物。在非交配季节，雄性和雌性海象会在不同的族群中生活。

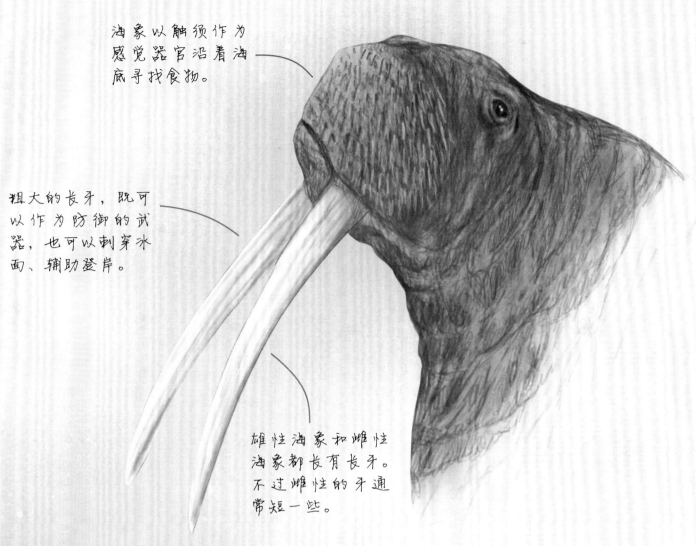

海象以触须作为感觉器官沿着海底寻找食物。

粗大的长牙，既可以作为防御的武器，也可以刺穿冰面、辅助登岸。

雄性海象和雌性海象都长有长牙。不过雌性的牙通常短一些。

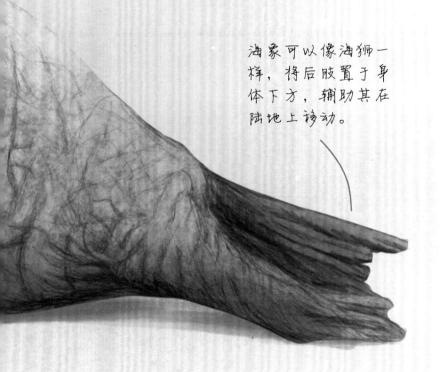

海象可以像海狮一样，将后肢置于身体下方，辅助其在陆地上移动。

太平洋海象

（学名：*Odobenus rosmarus divergens*）
太平洋海象分布于从白令海峡至俄罗斯北部的北太平洋沿海地区，是三个亚种中体形最大的。
体长：2.5～3.5米
体重：0.8～1.7吨
保护状况：易危

鲸目

齿鲸亚目、须鲸亚目（鲸、海豚和鼠海豚）

鲸目种类约有八十多种，包括鲸、海豚和鼠海豚等。鲸目动物非常聪明且高度特化，并完全适应水中生活。它们的身体呈流线型，体表光滑，鼻孔（又称喷气孔）位于头顶，身体末端的尾鳍在游泳时起推进作用。鲸目动物的体长跨度很大，体形最小的是海湾鼠海豚（又称小头鼠海豚），体长仅1米，而体形最大的蓝鲸体长可达30多米。

鲸目分齿鲸亚目和须鲸亚目，齿鲸亚目包括海豚和鼠海豚等科，须鲸亚目包括蓝鲸、弓头鲸及灰鲸等一些大型鲸类。一些齿鲸的回声定位系统十分敏锐，通过前额的球状器官发射声波，用下颌接收回波，即使在没有光线的深水中，也能定位猎物，甚至判断其大小。须鲸类的进食方式为滤食，进食时大量海水会随同饵料进入口中，细密的梳状鲸须犹如过滤器，将海水滤出口外，留下食物（小型鱼类和磷虾）。

尽管大部分鲸目动物都偏爱温度较低的两极附近水域，但随着水温的变化，也有季节性的迁徙，故总体来看，它们分布广泛，遍布世界各大洋。

所有鲸目动物，无论在水中或出水时，都拥有敏锐的视觉和听觉。大多数鲸目动物都长有一层名为鲸脂的脂肪，用于在水下特别是在冷水环境中保持体温。

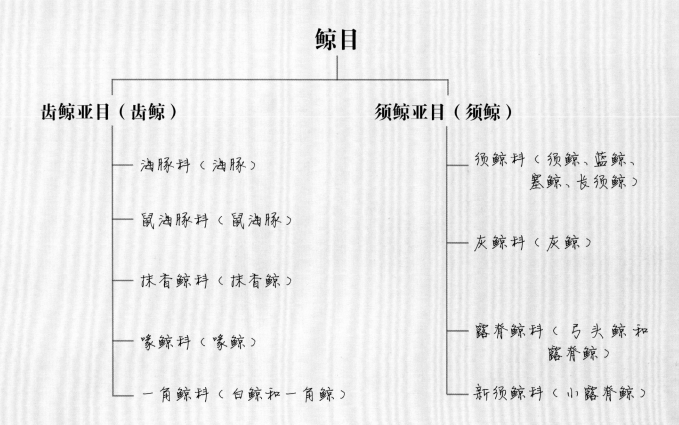

鲸目

齿鲸亚目（齿鲸）

— 海豚科（海豚）

— 鼠海豚科（鼠海豚）

— 抹香鲸科（抹香鲸）

— 喙鲸科（喙鲸）

— 一角鲸科（白鲸和一角鲸）

须鲸亚目（须鲸）

— 须鲸科（须鲸、蓝鲸、塞鲸、长须鲸）

— 灰鲸科（灰鲸）

— 露脊鲸科（弓头鲸和露脊鲸）

— 新须鲸科（小露脊鲸）

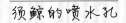

齿鲸的喷水孔

位于头部前方偏左侧的单个喷水孔。

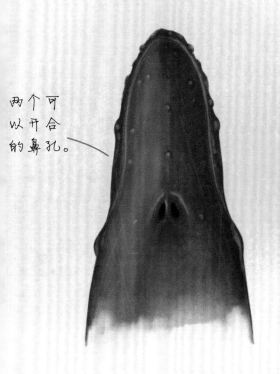

两个可以开合的鼻孔。

座头鲸（头顶俯视图）

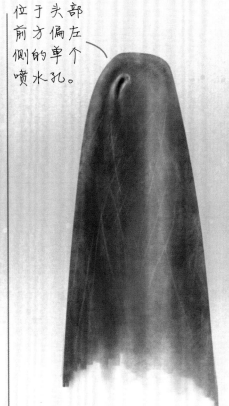

位于头部中心的单个喷水孔。

宽吻海豚（头顶俯视图）

抹香鲸（头顶俯视图）

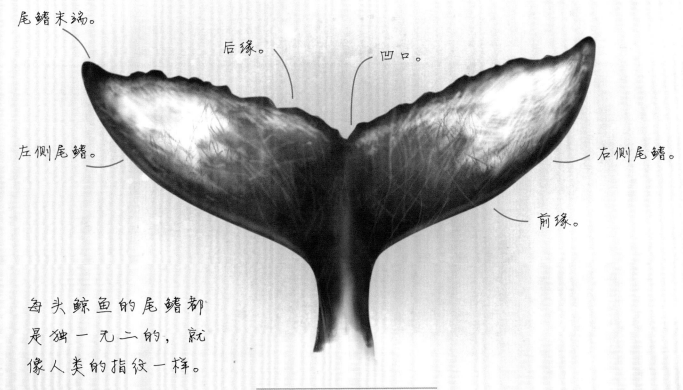

尾鳍末端。

后缘。

凹口。

左侧尾鳍。

右侧尾鳍。

前缘。

每头鲸鱼的尾鳍都是独一无二的，就像人类的指纹一样。

座头鲸的尾鳍（下部）

（想要了解更多有关座头鲸的信息请参考 P44。）

齿鲸亚目（齿鲸）

　　齿鲸亚目是鲸目中最大的亚目，包含七十多个种类，并且每个种类都长有用来捕捉猎物的牙齿。齿鲸亚目主要有五个科，如海豚隶属海豚科，鼠海豚隶属鼠海豚科，白鲸、一角鲸隶属一角鲸科，抹香鲸隶属抹香鲸科，喙鲸隶属喙鲸科。所有齿鲸都将回声定位（或称生物声呐）作为一种寻找猎物的手段。像蝙蝠一样，这些齿鲸可以通过头部的器官发射声音信号，然后接收从物体上反射回来的回声信号，这样就能在它们的大脑里形成环境视觉画面。

海豚科（海豚）

　　海豚科的种类最多，共有三十二种，其中许多种都是我们熟悉的小型海豚，也有一些体形较大的种类，如领航鲸、虎鲸等。海豚科种类均为食肉动物，多数以鱼类为食，个别种类也会捕食其他海洋哺乳动物和鱿鱼。海豚广泛分布于世界各大海洋中，常有以种为单位的集群习性，群内数量少则几头，多则成百甚至上千。

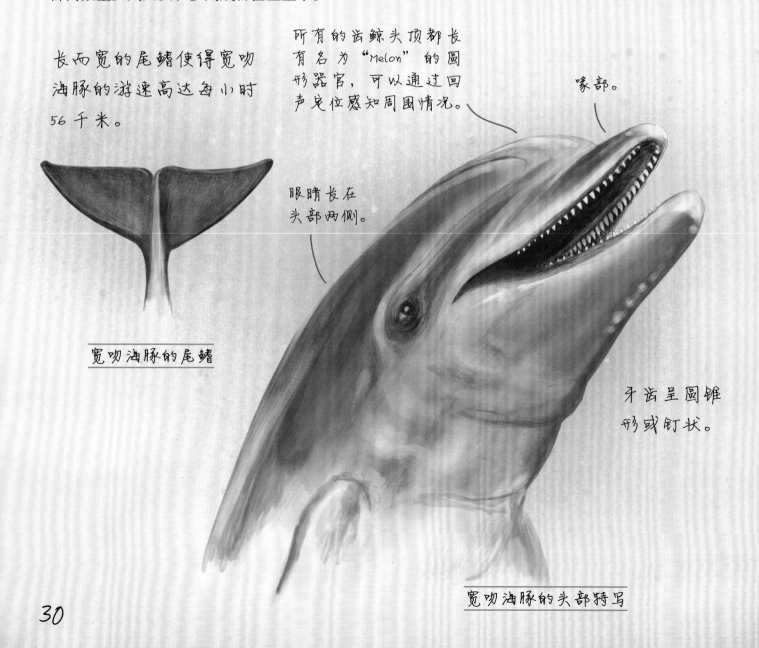

长而宽的尾鳍使得宽吻海豚的游速高达每小时56千米。

所有的齿鲸头顶都长有名为"Melon"的圆形器官，可以通过回声定位感知周围情况。

喙部。

眼睛长在头部两侧。

牙齿呈圆锥形或钉状。

宽吻海豚的尾鳍

宽吻海豚的头部特写

背鳍。

身体呈流线型。

宽吻海豚天资聪明，性格活泼，又极富好奇心。

前肢。

宽吻海豚

（学名：*Tursiops truncatus*）
宽吻海豚分布于世界范围内的热带和温带沿海以及大陆架水域。它们以鳗鱼等各种小型鱼类为食，也捕食头足类及虾类。
体长：2～4米
体重：150～635千克
保护状况：无危

宽吻海豚为群居性动物，每群数量通常为2～15头，活动时常常会发出高音。

小而圆的背鳍。

吻短，喙不明显。

白头喙头海豚

（学名：*Cephalorhynchus hectori*）
白头喙头海豚分布于新西兰沿海地区，是所有鲸目动物中最小的一种，以鲱鱼、鳕鱼和鱿鱼等动物为食。
体长：1.2米
体重：45千克
保护状况：濒危

身体敦实，圆胖。

腹部有独特的白色图案。

沙漏斑纹海豚

（学名：*Lagenorhynchus cruciger*）
沙漏斑纹海豚分布于南极大陆附近，以各种小型鱼类和鱿鱼为食。
体长：1.7米
体重：91千克
保护状况：无危

背鳍较高。

体长较短，身体相对较高。

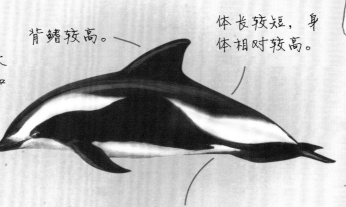

身体两侧带有白色的"沙漏"形图案。

以人类为参照
（身高为1.75米）

海豚科（接上页）

南露脊海豚

（学名：*Lissodelphis peronii*）
南露脊海豚广布于世界范
围内的南部大洋，以各种
小型鱼类和鱿鱼为食。
体长：3 米
体重：100 千克
保护状况：数据缺乏

无背鳍。

背部为黑色，
腹部为白色或
奶油色。

身体厚重。

长而尖的前肢
朝向后方。

长肢领航鲸

（学名：*Globicephala melas*）
长肢领航鲸分布于北大西洋
以及温带和近极地水域，主
要以鱿鱼为食，它们的集群
数量最壮观时可达1000头。
体长：6.7 米
体重：1.3 吨
保护状况：数据缺乏

身体上布满了明
暗不一的斑点。

背鳍较小，
朝向尾部。

花斑原海豚

（学名：*Stenella frontalis*）
花斑原海豚广布于大西
洋的温带水域，以鱿鱼
和小型鱼类为食。
体长：2.3 米
体重：141 千克
保护状况：数据缺乏

头部较圆、
轮廓分明，
喙部较小。

短鳍海豚

（学名：*Orcaella brevirostris*）
也称伊豚、伊洛瓦底江豚，广布
于印度洋—太平洋的热带水域，
栖息于近海和河口处，以小型鱼
类、头足类和甲壳类动物为食。
体长：2.3 米
体重：200 千克
保护状况：易危

高而圆润
的背鳍。

喙部很短。

白吻斑纹海豚

（学名：*Lagenorhynchus albirostris*）
也称白喙海豚，分布于北大西
洋的亚北极水域，以鳕鱼、黑
线鳕和其他冷水鱼为食。
体长：3 米
体重：354 千克
保护状况：无危

短喙真海豚

（学名：*Delphinus delphis*）
也称真海豚，分布于大西洋、
太平洋和印度洋东南部温暖
的热带水域，以各种小型鱼
类、鱿鱼和章鱼为食。
体长：2.7 米
体重：200 千克
保护状况：无危

体侧呈
金黄色。

头部较圆。

高高的背鳍。

灰海豚

（学名：*Grampus griseus*）
灰海豚分布于世界各地
的温带和热带水域，主
要以鱿鱼和章鱼为食。
体长：3 米
体重：499 千克
保护状况：无危

中华白海豚

（学名：*Sousa chinensis*）
中华白海豚分布于印度洋和西太
平洋的近岸水域，主要以近岸的
鱼类和鱿鱼为食。
体长：3 米
体重：200 千克
保护状况：近危

背鳍周围隆起。

狭长而突出的喙部。

成年中华白海豚的
身体呈粉红色。

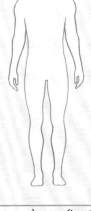

以人类为参照

（身高为 1.75 米）

33

海豚科（虎鲸）

　　虎鲸，又名逆戟鲸，虽名为鲸，却是海豚科的一员，论个体大小、智力与凶残程度，竟连大白鲨也不是它的对手，有时甚至会成为它的口中之物。毋庸置疑，它堪称海洋中的顶级捕食者。

高高耸立的背鳍可达1.8米

牙齿长达10厘米，用于捕捉猎物并撕开皮肉。

巨大而圆润的前肢。

北极虎鲸

北极虎鲸生活在北极圈周围的北部海域，有三种公认的类型：

定居型虎鲸：常呈大群活动，主要以鱼类为食。

过境型虎鲸：擅长以小群围捕海豹、海豚和大型鲸类。

远洋型虎鲸：生活在离岸的开放水域，也以小群围捕鱼群，但群内数量小，仅十几头或更少。

眼睛后方有白色斑点。

背鳍后方有灰色的马鞍状图案。

雌性虎鲸（定居型虎鲸）

雄性虎鲸比雌性大很多，体重是雌性的两倍。

雄性虎鲸（定居型虎鲸）

尾巴下侧为白色，边缘为黑色。

虎鲸

（学名：*Orcinus orca*）

虎鲸分布于世界各大洋（尽管它们更喜欢南北极附近较冷的海域），是海豚科中体形最大的一种，食谱很广，包括鲑鱼、鲨鱼、海龟、海豹以及大型须鲸。

体长：9米（雄性）
　　　8米（雌性）

体重：5.4吨（雄性）
　　　2.7吨（雌性）

保护状况：数据缺乏

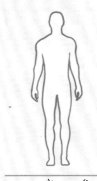

以人类为参照

（身高为1.75米）

鼠海豚科（鼠海豚）

鼠海豚科共有六种鼠海豚。鼠海豚的体形一般比海豚小，下颌短，没有喙，牙齿呈扁平状或铲状，而海豚的牙齿通常为圆锥形。鼠海豚通常生活在近岸，开阔海域较为少见，有些鼠海豚也喜欢生活在极地。跟所有的齿鲸一样，鼠海豚也使用回声定位来捕猎。

江豚

（学名：*Neophocaena phocaenoides*）

江豚分布于印度洋北缘和西太平洋沿岸的水域，又名印度—太平洋江豚，以虾、鱿鱼、甲壳类动物和鱼类等多种动物为食。

体长：2.3 米
体重：73 千克
保护状况：易危

圆头，扁鼻。

无背鳍。

前肢较大。

加湾鼠海豚

（学名：*Phocoena sinus*）

加湾鼠海豚仅分布于墨西哥的加利福尼亚湾，是所有鲸目动物中，体形最小、最濒危的一种。它们以甲壳类动物、小型鱼类、章鱼和鱿鱼为食。

体长：1 米
体重：43 千克
保护状况：极危

相对体形而言，背鳍较高。

短而圆的身体。

南美鼠海豚

（学名：*Phocoena dioptrica*）

南美鼠海豚分布于温度较低的亚南极及更低纬度的水域，以鱿鱼、甲壳类动物和鱼类为食。

体长：2.3 米
体重：113 千克
保护状况：数据缺乏

眼睛周围有一圈"眼镜状"白色图案。

大而浑圆的背鳍。

腹部为白色，背部为黑色，界线分明。

棘鳍鼠海豚

（学名：*Phocoena spinipinnis*）
棘鳍鼠海豚分布于太平洋
沿岸的秘鲁北部至大西洋
沿岸的巴西南部，以鱼类、
虾和鱿鱼为食。
体长：1.9 米
体重：86 千克
保护状况：数据缺乏

长长的流线型
身体，头部小。

背鳍向尾
部倾斜。

大西洋鼠海豚

（学名：*Phocoena phocoena*）
大西洋鼠海豚也被称为普通
鼠海豚，广布于北大西洋到
北太平洋沿岸的水域，以鱼
类、鱿鱼和章鱼为食。
体长：1.8 米
体重：77 千克
保护状况：无危

身体较宽。

高高的弧
形背鳍。

前肢较小。

身体呈纺锤形，
中间较宽。

宽三角形背鳍。

尾鳍前面
高高隆起。

腹部、背鳍和尾
鳍边缘呈白色。

无喙鼠海豚

（学名：*Phocoenoides dalli*）
无喙鼠海豚广布于北太平洋的寒
冷水域中，主要以集群性鱼类和
鱿鱼为食。
体长：2.3 米
体重：220 千克
保护状况：无危

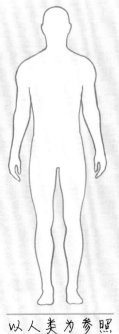

以人类为参照

（身高为 1.75 米）

抹香鲸科（抹香鲸）

　　抹香鲸总科（Physeteroidea）有隶属抹香鲸科的抹香鲸（学名：*Physeter macrocephalus*）以及隶属小抹香鲸科（Kogiidae）的小抹香鲸（学名：*Kogia breviceps*）、侏儒抹香鲸（学名：*Kogia sim*），共三种。最小的体长仅 2.7 米，最长的体长则超过 18 米。这三种动物的头部都有明显的巨大的回声定位器官，尤以抹香鲸为最。

抹香鲸可以潜到水下
2.2 千米处寻找食物，
而且它们可以屏住呼
吸长达 2 小时。

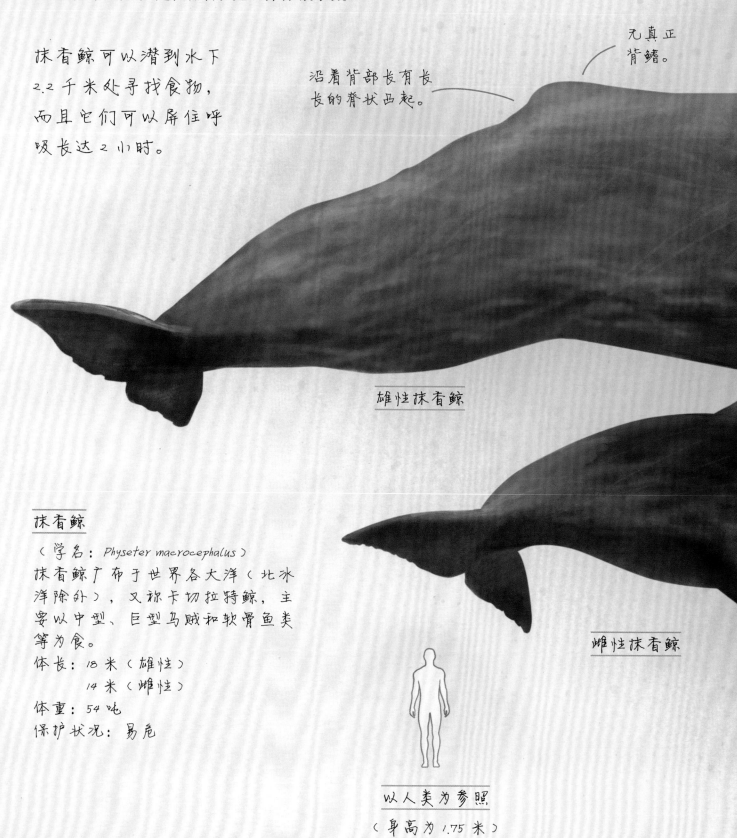

无真正
背鳍。

沿着背部长有长
长的脊状凸起。

雄性抹香鲸

抹香鲸

（学名：*Physeter macrocephalus*）
抹香鲸广布于世界各大洋（北冰
洋除外），又称卡切拉特鲸，主
要以中型、巨型乌贼和软骨鱼类
等为食。
体长：18 米（雄性）
　　　 14 米（雌性）
体重：54 吨
保护状况：易危

雌性抹香鲸

以人类为参照

（身高为 1.75 米）

38

抹香鲸的大脑重达7千克，是所有动物中大脑最重的，至少是人类大脑重量的五倍。

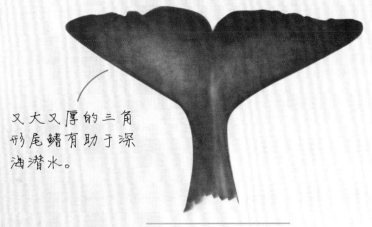

又大又厚的三角形尾鳍有助于深海潜水。

抹香鲸的尾鳍特写

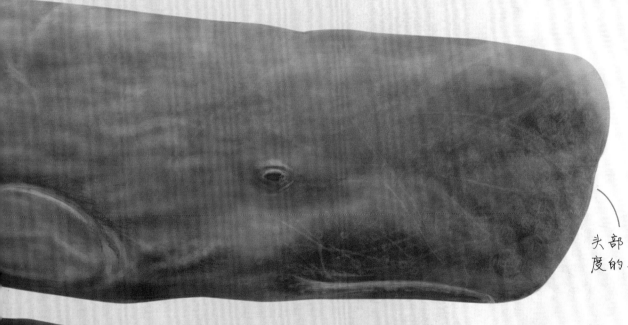

头部占身体总长度的三分之一。

大王鱿的吸盘在它们嘴边留下的圆形疤痕。

短而圆的前肢。

长而窄的下颌上长有牙齿，上颌没有牙齿但有牙槽，可以在嘴部闭合时容纳下颌的牙齿。

39

喙鲸科（喙鲸）

　　齿鲸目喙鲸科包含二十一种中型鲸，体长范围4米（秘鲁中喙鲸）～12.8米（拜氏贝喙鲸）。其中包括了潜水最深的哺乳动物——柯氏喙鲸，它们可以下潜至水下3000米处，并且可以屏住呼吸超过2小时。喙鲸行迹难测，在野外很少被目击。它们栖息在远洋海域中，加上种群较小，因此是最不为人知的哺乳动物群体。

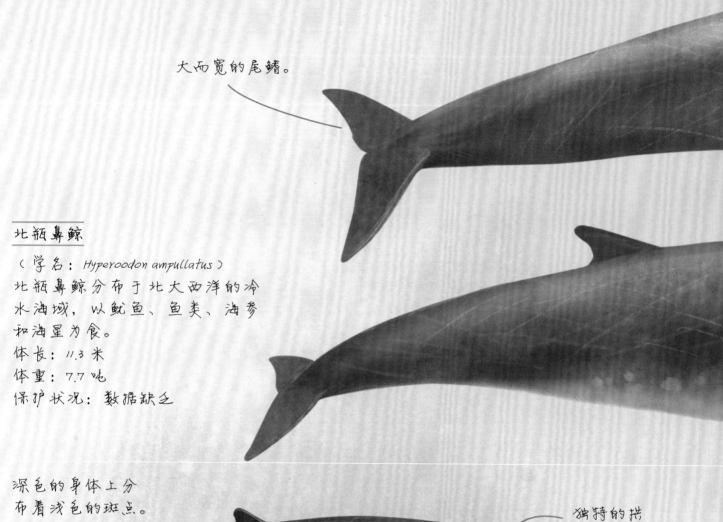

大而宽的尾鳍。

北瓶鼻鲸

（学名：*Hyperoodon ampullatus*）
北瓶鼻鲸分布于北大西洋的冷水海域，以鱿鱼、鱼类、海参和海星为食。
体长：11.3 米
体重：7.7 吨
保护状况：数据缺乏

深色的身体上分布着浅色的斑点。

独特的拱形下颌。

修长的身体。

柏氏中喙鲸

（学名：*Mesoplodon densirostris*）
柏氏中喙鲸广布于各大洋的热带和温带水域，主要以鱿鱼为食，通常3～7头集群生活。
体长：4.7 米
体重：816 千克
保护状况：数据缺乏

〈学名：*Berardius bairdii*〉
拜氏贝喙鲸分布于太平洋北部的冷水海域，以鱿鱼、章鱼以及鲭类、沙丁鱼类为食。
体长：12米
体重：14吨
保护状况：数据缺乏

修长、斜直的背上有一个小型背鳍。

头部较小，有非常明显的回声定位器官。

长而窄的喙部。

回声定位器官较大，短喙。

前肢较小。

扁平的回声定位器官。

雄性的牙齿类似犬齿。

拱形下颌延伸到吻部上方。

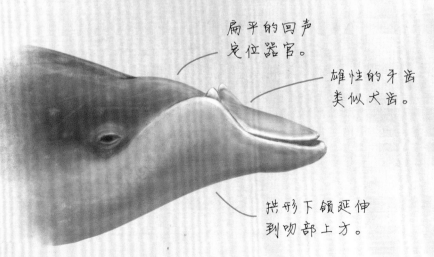

柏氏中喙鲸的头部特写

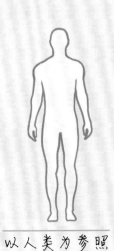

以人类为参照

〈身高为1.75米〉

一角鲸科（白鲸和一角鲸）

一角鲸科包含两个独特的种类：白鲸和一角鲸。一角鲸因从其头部伸出的长牙，成为所有鲸目动物中引人注目的一种。白鲸独一无二之处在于其纯白的颜色。它们都生活于北极附近水域，主要以鱼类和鱿鱼为食。

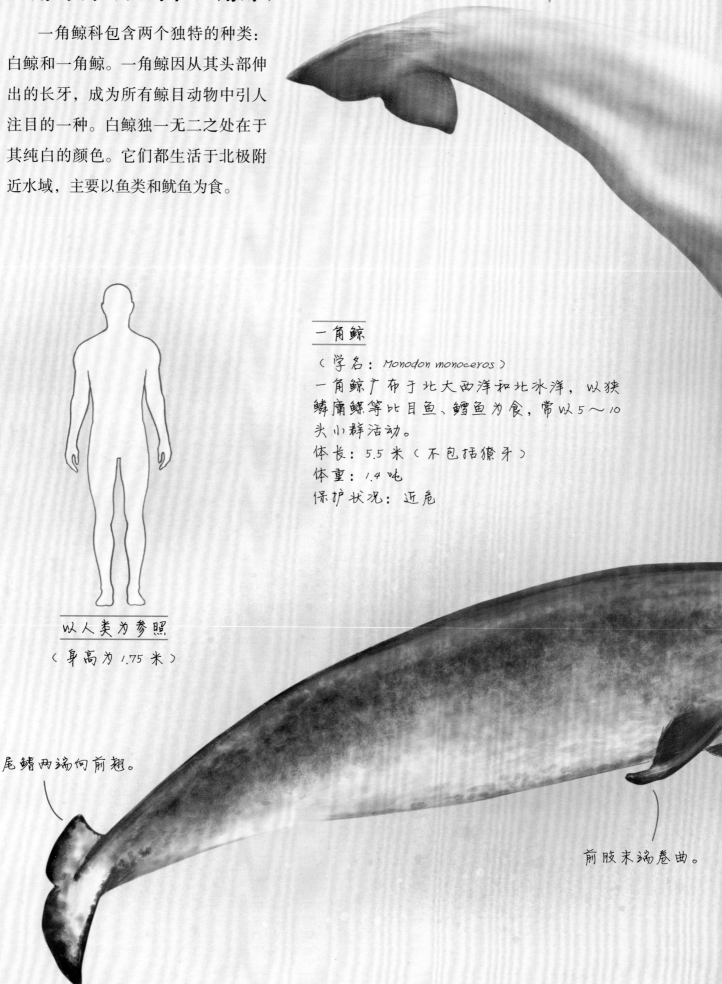

以人类为参照

（身高为 1.75 米）

一角鲸

（学名：Monodon monoceros）
一角鲸广布于北大西洋和北冰洋，以狭鳞庸鲽等比目鱼、鳕鱼为食，常以5～10头小群活动。
体长：5.5 米（不包括獠牙）
体重：1.4 吨
保护状况：近危

尾鳍两端向前翘。

前肢末端卷曲。

42

白鲸

（学名：_Delphinapterus leucas_）
白鲸分布于北极和亚北极水域，因叫
声得名"海中金丝雀"。它们以鲑鱼、
鳕鱼、大比目鱼和虾为食。
体长：6.7 米
体重：1.6 吨
保护状况：近危

无背鳍。

回声定位器官又大又
软，发射声音信号时
会发生形变。

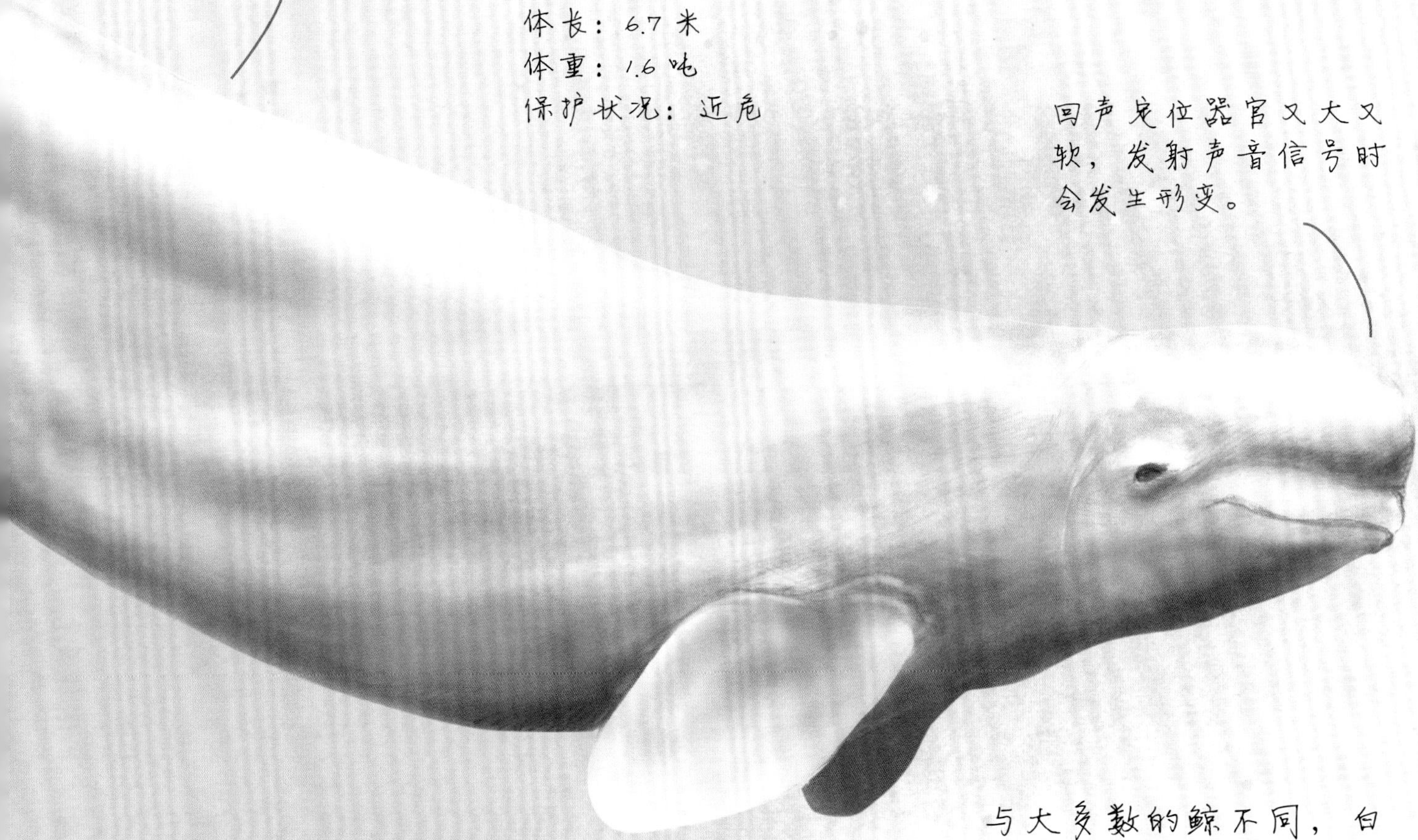

大而突出的回
声定位器官。

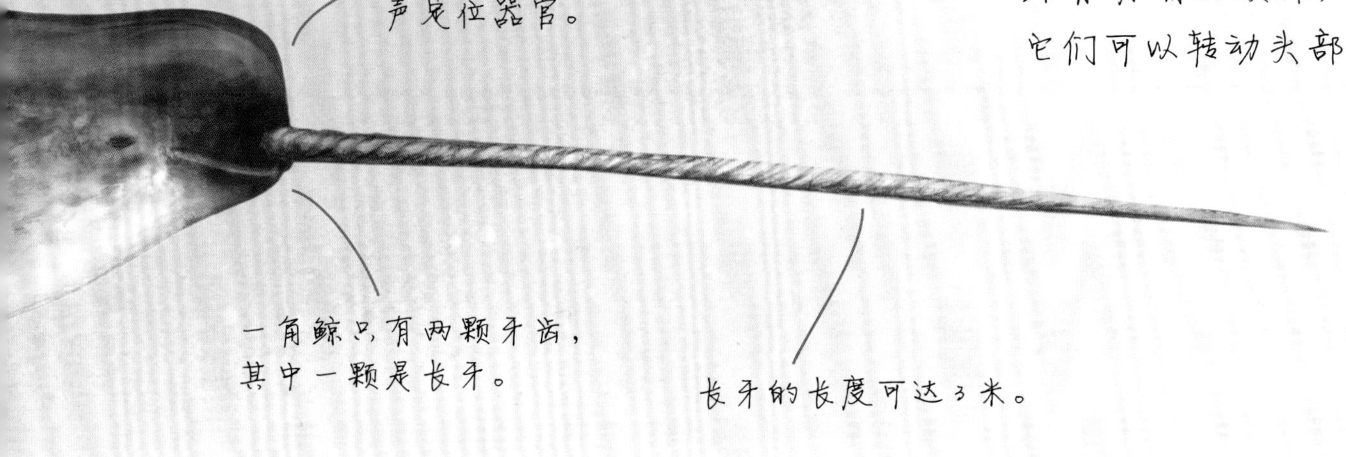

与大多数的鲸不同，白
鲸有明确的颈部，因此
它们可以转动头部。

一角鲸只有两颗牙齿，
其中一颗是长牙。

长牙的长度可达 3 米。

长牙实际上是从一角鲸头部伸
出的一颗犬齿，只有约 15% 的雌
性一角鲸长有长牙，约 500 头雄
性中才有一头长有两颗长牙。

43

须鲸亚目（须鲸）

须鲸亚目下有须鲸科、灰鲸科、露脊鲸科和小露脊鲸科四科。须鲸科有长须鲸、蓝鲸等，灰鲸科只有灰鲸，露脊鲸科有弓头鲸、露脊鲸等，小露脊鲸科只有小露脊鲸。

须鲸与齿鲸的不同之处在于它们没有牙，取而代之的是长在上颌的须板，即鲸须。须板由角蛋白（类似于指甲的成分）构成，有些须鲸的须板长达 3.5 米。鲸须紧密地排列在一起，形成了"密齿梳"，起过滤作用，能从吸入口中的水里过滤出磷虾或小型鱼类。

须鲸科（须鲸）

须鲸科（Balaenopteridae，俗称 Rorqual whales）是须鲸亚目下种类最多的一个科，共有九种须鲸，其中包括了现存公认体形最大的动物——蓝鲸。须鲸最明显的特征是具有"腹褶"——位于身体前腹部的皮肤褶皱，这些像长凹槽一样呈条状排列的腹褶，可以使须鲸口部下方的体积变大，从而容下更多的水，提高"过滤"效率。

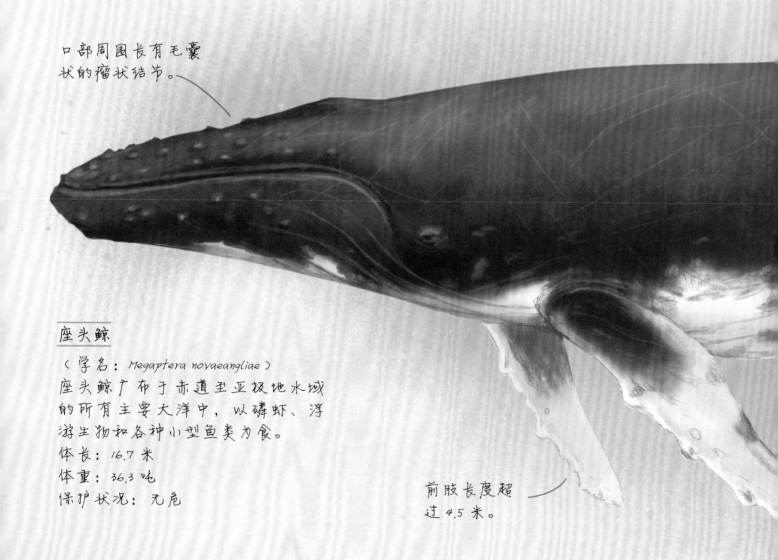

口部周围长有毛囊状的瘤状结节。

座头鲸

（学名：Megaptera novaeangliae）
座头鲸广布于赤道至亚极地水域的所有主要大洋中，以磷虾、浮游生物和各种小型鱼类为食。
体长：16.7 米
体重：36.3 吨
保护状况：无危

前肢长度超过 4.5 米。

座头鲸的进食方式

须板

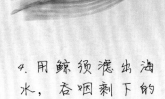

1. 闭着嘴接近磷虾群或鱼群。

2. 张开嘴吞入水和猎物。

3. 腹褶展开，可一次吞下约 57000 升含有猎物的海水。

4. 用鲸须滤出海水，吞咽剩下的食物。

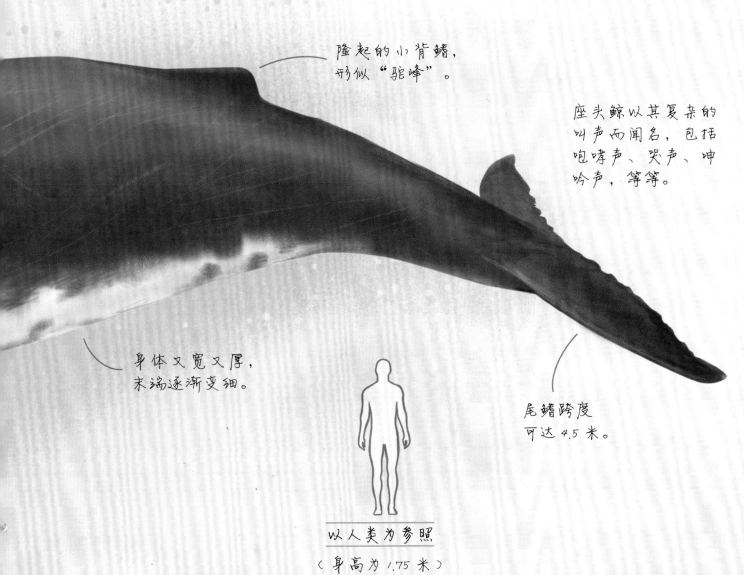

隆起的小背鳍，形似"驼峰"。

座头鲸以其复杂的叫声而闻名，包括咆哮声、哭声、呻吟声，等等。

身体又宽又厚，末端逐渐变细。

尾鳍跨度可达 4.5 米。

以人类为参照

（身高为 1.75 米）

45

躯体呈蓝灰色，带有斑点。

蓝鲸

〈学名：*Balaenoptera musculus*〉
蓝鲸广布于世界各大洋（北冰洋除外），它们几乎只以磷虾为食，平均每天消耗4吨食物。蓝鲸是地球上最大的动物。
体长：30米
体重：136吨
保护状况：濒危

背鳍较小。

相对细长的流线型身体。

蓝鲸能够发出高达188分贝的声音，是世界上嗓门最大的动物。

在巨大的尾鳍推动下，蓝鲸的游速可达每小时48千米。

以人类为参照
〈身高为1.75米〉

喷水孔。

扁平的∪形头部，长度在6米以上。

在喉部下方至上腹部之间有70～120条腹褶。

前肢长达4米。

蓝鲸仅舌头就比一头成年非洲象还重。它的心脏重达181千克，是动物界里最大的。

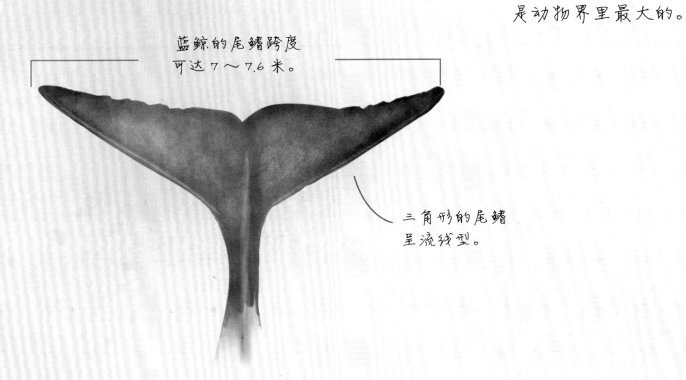

蓝鲸的尾鳍跨度可达7～7.6米。

三角形的尾鳍呈流线型。

蓝鲸的尾鳍特写

须鲸科（接上页）

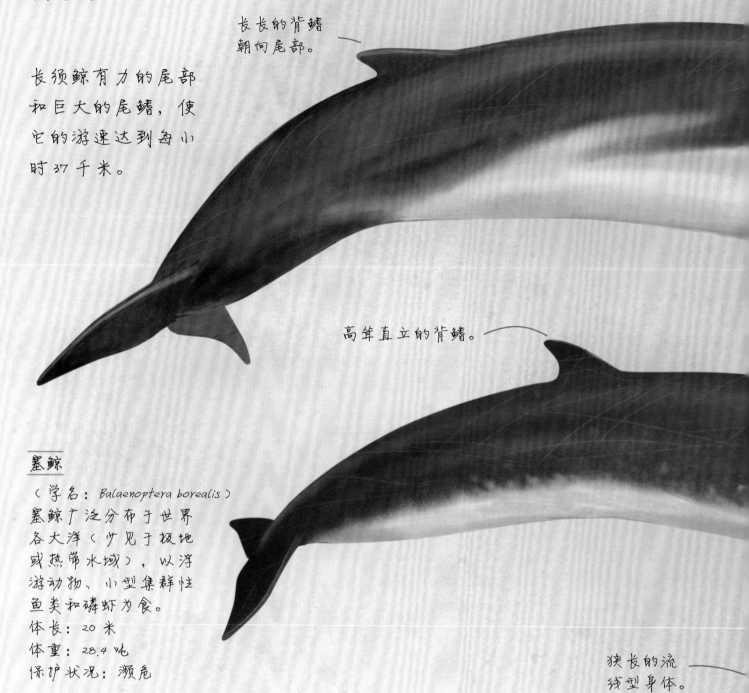

长长的背鳍
朝向尾部。

长须鲸有力的尾部
和巨大的尾鳍，使
它的游速达到每小
时 37 千米。

高耸直立的背鳍。

塞鲸
（学名：*Balaenoptera borealis*）
塞鲸广泛分布于世界
各大洋（少见于极地
或热带水域），以浮
游动物、小型集群性
鱼类和磷虾为食。
体长：20 米
体重：28.4 吨
保护状况：濒危

狭长的流
线型身体。

以人类为参照

（身高为 1.75 米）

小鰛鲸
（学名：*Balaenoptera acutorostrata*）
又称小须鲸，分布于北大西洋和北太平
洋冷水海域，是所有须鲸中体形最小的
一种［略小于也有小须鲸之称的南极小
须鲸（学名：*Balaenoptera bonaerensis*）］。
小鰛鲸主要以小型集群性鱼类为食。
体长：10 米
体重：9 吨
保护状况：数据缺乏

头部相对较小，
喷水孔位于眼睛
之前。

前肢较小。

身体呈深灰色，
腹部颜色较浅。

长须鲸

（学名：*Balaenoptera physalus*）
又称鳍鲸或长缤鲸，广泛分布于世
界各大洋（南北极附近的水域除
外），其体形仅次于蓝鲸，是地球
上第二大动物，它们以小型集群性
鱼类和磷虾为食。
体长：26 米
体重：74.8 吨
保护状况：濒危

从下颌到前肢后方
有 30 ～ 60 条腹褶。

小鳁鲸的头部
窄而尖。

前肢中部带有
白色条纹。

灰鲸科（灰鲸）

灰鲸是灰鲸科下仅存的一种鲸鱼，与须鲸不同之处在于它们只有3～5道喉腹褶*。灰鲸会将身体的一侧倾斜沿着海底巡游，利用它们的鲸须吸入并排出水和泥沙以滤食其中的小型无脊椎动物。

*编者注：自下颌到腹部的长沟状皮肤皱褶，称为喉腹褶。

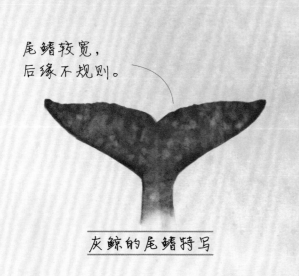

背脊较高，顶部有6～8个峰状凸起。

尾鳍较宽，后缘不规则。

灰鲸的尾鳍特写

露脊鲸科（弓头鲸、露脊鲸）

露脊鲸科有弓头鲸（学名：*Balaena mysticetus*）和露脊鲸两种，而露脊鲸又可分为大西洋露脊鲸、北太平洋露脊鲸和南露脊鲸三个地理亚种。露脊鲸科种类都长有独特的弓形下颌，此外，它们的鲸须长达3.5米，为须鲸类之最，当弓形下颌闭合时，正好能将长长的鲸须隐藏起来。

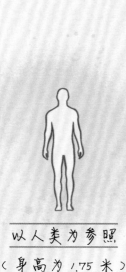

以人类为参照

（身高为1.75米）

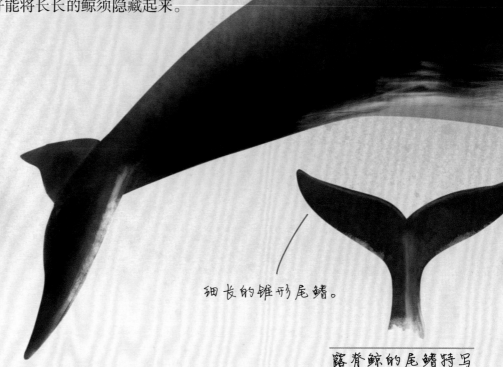

无背鳍。

背脊沿着尾部缩小。

细长的锥形尾鳍。

露脊鲸的尾鳍特写

斑驳的灰色花纹。

鼻孔至吻部略呈拱形。

灰鲸

（学名：*Eschrichtius robustus*）
灰鲸分布于北太平洋西部和东部海岸，以管虫和近海水底的甲壳类动物为食。
体长：15米
体重：40吨
保护状况：无危

三角形的前肢。

角质瘤或粗糙而有斑点的皮肤。

用于从鲸须上刮取食物的大舌头。

巨大的弓形下颌。

北太平洋露脊鲸

（学名：*Eubalaena japonica*）
北太平洋露脊鲸分布于北太平洋白令海附近至俄罗斯东部海域，在三种露脊鲸中体形最大，以浮游动物、磷虾和其他小型甲壳类动物为食。
体长：18米
体重：63.5吨
保护状况：濒危

又大又厚的前肢。

海牛目
海牛科、儒艮科（海牛、儒艮）

　　海牛目有儒艮科和海牛科两个科，儒艮科只有儒艮一种，海牛科有四种。海牛目的动物完全是水栖草食性动物，仅以几种海草为食。海牛目种类有迁徙习性，会从沿海水域向内陆河流、湖泊、沼泽迁徙。海牛的口向下倾斜，加上灵活的嘴唇，能轻松抓住、拉拽、拔出海草，由此提高进食效率。

小眼睛。

西非海牛

（学名：*Trichechus senegalensis*）
西非海牛分布于非洲中西部沿海和内陆水域，主要以海草为食，但有时也以底栖双壳类和渔民网内的鱼为食。
体长：4 米
体重：499 千克
保护状况：易危

粗壮的圆柱形身体。

向下倾斜的U形口。

儒艮

（学名：*Dugong dugon*）
儒艮分布于太平洋西部至非洲东海岸的温暖沿海及内陆水域，主要以海草为食，偶尔也摄食水母和贝类。
体长：3 米
体重：363 千克
保护状况：易危

尾部轮廓分明，有两片类似海豚尾鳍的尾叶。

与海牛目亲缘关系
最近的是大象。

西印度海牛

（学名：*Trichechus manatus*）
西印度海牛分布于美国东南沿海、
墨西哥、加勒比海和南美洲北部沿
海及内陆水域，以咸水和淡水中的
60种水生植物为食。它也是海牛目
中最大的一种。
体长：4.3米
体重：680千克
保护状况：易危

海牛和儒艮的身体上覆盖着稀
疏而粗大的触毛（也就是陆地
哺乳动物的胡须），那是它们
的触觉器官。

嘴唇柔软，
具有抓握
能力。

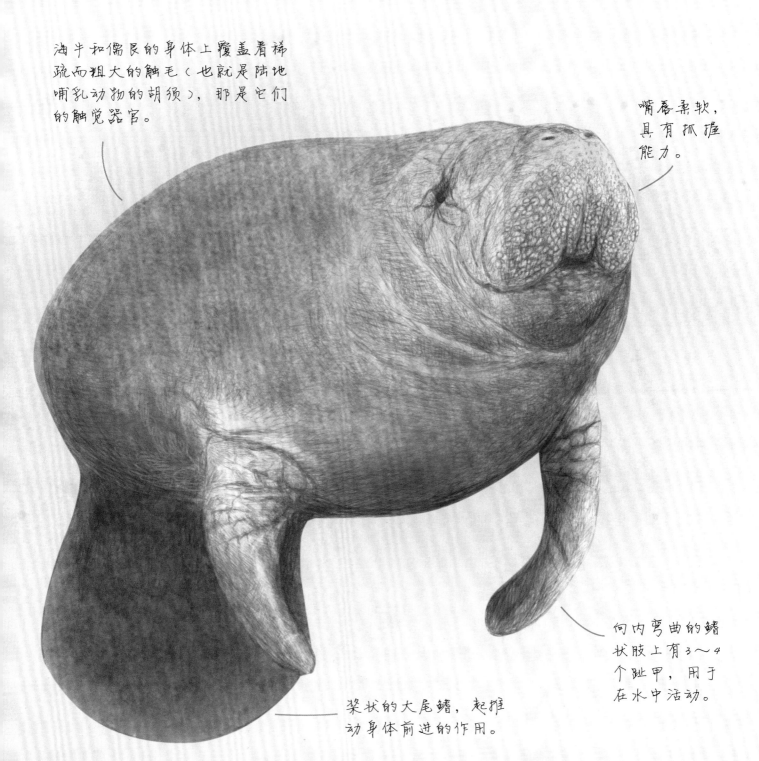

桨状的大尾鳍，起推
动身体前进的作用。

向内弯曲的鳍
状肢上有3～4
个趾甲，用于
在水中活动。

海洋鱼类

鱼类是地球上成功的动物群体之一，它们已经在地球上存在了4.5亿年，比恐龙还早了2亿多年。地球上鱼的种类比哺乳动物、鸟类、爬行动物和两栖动物的种类之和还要多。在已经被确认的28000多种鱼类中，有15000种为海洋鱼类。

海洋鱼类种类多样，主要分为三个纲：软骨鱼组成的软骨鱼纲，肉鳍鱼纲和辐鳍鱼纲组成的硬骨鱼总纲，盲鳗纲和七鳃鳗纲组成的无颌总纲。

鱼类用鳃呼吸，体表大多被鳞，是一类没有真正胎生、非哺乳的水生动物，且它们都没有真正带脚趾的四肢，只能以鳍作为运动器官。

目：	共59目
种：	海洋鱼类超过了15000种（如包括淡水鱼类在内，总种类超过28000种）
体长范围：	从8毫米（短杜辛氏微体鱼）到12.5米（鲸鲨）
体重范围：	从小于1毫克（短杜辛氏微体鱼）到18.6吨（鲸鲨）
地理分布：	世界各大洋
栖息地：	从温暖的热带水域到寒冷的南北极水域
概述：	所有鱼类都没有眼睑，但有些鱼类也有一种假的眼睑——脂眼睑，某些鲨鱼则有近似于眼睑功能的瞬褶或瞬膜。旗鱼是海洋中游得最快的鱼，它的游泳时速可达109千米。

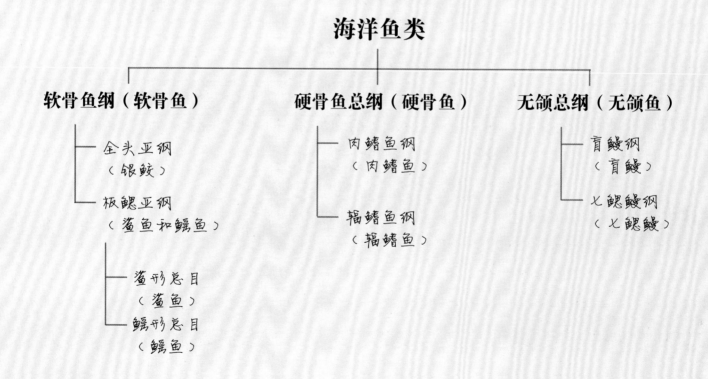

软骨鱼纲（软骨鱼）

鲨形总目（鲨鱼）

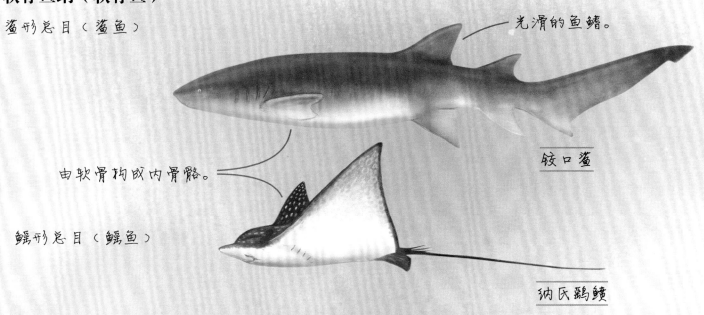

光滑的鱼鳍。

铰口鲨

由软骨构成内骨骼。

鳐形总目（鳐鱼）

纳氏鹞鲼

硬骨鱼总纲（硬骨鱼）

肉鳍鱼纲（肉鳍鱼）

基部具有发达肌肉的叶状鳍。

矛尾鱼

内骨骼出现了硬骨。

辐鳍鱼纲（辐鳍鱼）

由鳍膜连接鳍棘与鳍条的辐射状鳍。

小鳞喙鲈

无颌总纲（无颌鱼）

盲鳗纲（盲鳗）

保持着原始鱼类的形态，无偶鳍。

七鳃鳗纲（七鳃鳗）

海七鳃鳗

软骨鱼纲

软骨鱼

软骨鱼纲鱼类的骨骼全部由软骨组成，体表覆盖有被称为盾鳞的皮质鳞突，这些鳞片不仅构成了保护身体的"盔甲"，还可以减少水的阻力，提高游速。世界上已记载的软骨鱼类有一千多种。

鲨形总目（鲨鱼）

鲨形总目由五百多种鲨鱼组成，其中体形最小的是一种小乌鲨，体长仅有 17 厘米，而最大的鲸鲨体长可达 12 米以上——也是世界上最大的鱼类。与大多数动物不同，鲨鱼的牙齿嵌在牙龈中，而非固定在下颌上，因此它们的牙齿经常脱落。新的牙齿不断取代旧的或磨损的牙齿，这些牙齿长在口腔内，成排地向前移动。鲨鱼的嗅觉也很灵敏，一些鲨鱼可以依靠鼻孔嗅出水中百万分之一浓度的血腥味——其浓度相当于游泳池里滴一滴血。

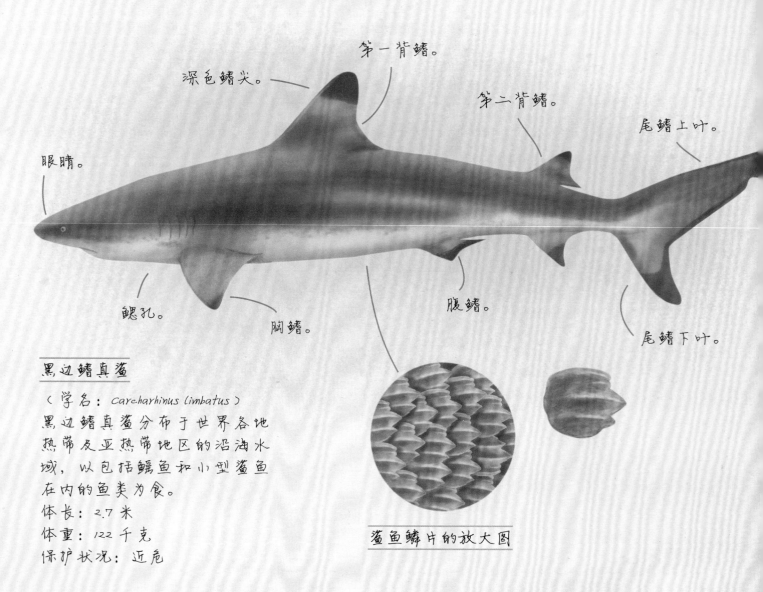

第一背鳍。

深色鳍尖。

第二背鳍。

尾鳍上叶。

眼睛。

鳃孔。

胸鳍。

腹鳍。

尾鳍下叶。

黑边鳍真鲨

（学名：*Carcharhinus limbatus*）
黑边鳍真鲨分布于世界各地热带及亚热带地区的沿海水域，以包括鳐鱼和小型鲨鱼在内的鱼类为食。
体长：2.7 米
体重：122 千克
保护状况：近危

鲨鱼鳞片的放大图

边缘呈锯齿状，便于撕肉。

呈三角形。

部分鲨鱼长有名为瞬膜的眼睑，另一些为了保护自己会在进食时将眼睛转回眼窝。

锥形尖鼻。

噬人鲨的牙齿特写

噬人鲨的下颌没有与头骨连接在一起，它们可以将下颌向前伸出，便于撕咬猎物。

成排的牙齿会不断更换。

噬人鲨的头部特写

想要了解更多信息请参考下一页

57

鼠鲨目（鼠鲨）

　　鼠鲨目，又称鲭鲨目，由包括噬人鲨在内的我们熟知的鲨鱼组成。鼠鲨目鱼类的眼睛通常为黑色且无眼睑，但为了保护眼睛免受伤害，它们的眼睛可以适当地转动。它们通常身体巨大，吻部呈锥形，鳃孔较大，嘴向后延伸至超过眼睛的位置。鼠鲨目下的很多种类均为卵胎生，在某些情况下，处于胚胎期的鼠鲨幼崽在母体子宫内会出现同类相食的现象。

它们的鼻孔上以及周围有很多名为罗伦氏壶腹的凹陷，是灵敏的电感受器，能检测周围鱼类移动或肌肉收缩时产生的微弱电位差。

一旦噬人鲨咬住了猎物，它们就会晃动猎物，然后把猎物整个吞下去。

噬人鲨有300颗牙齿排列在口腔中，当牙齿发生破损或磨损时会更换新牙。

因腹部呈白色，俗称大白鲨。

58

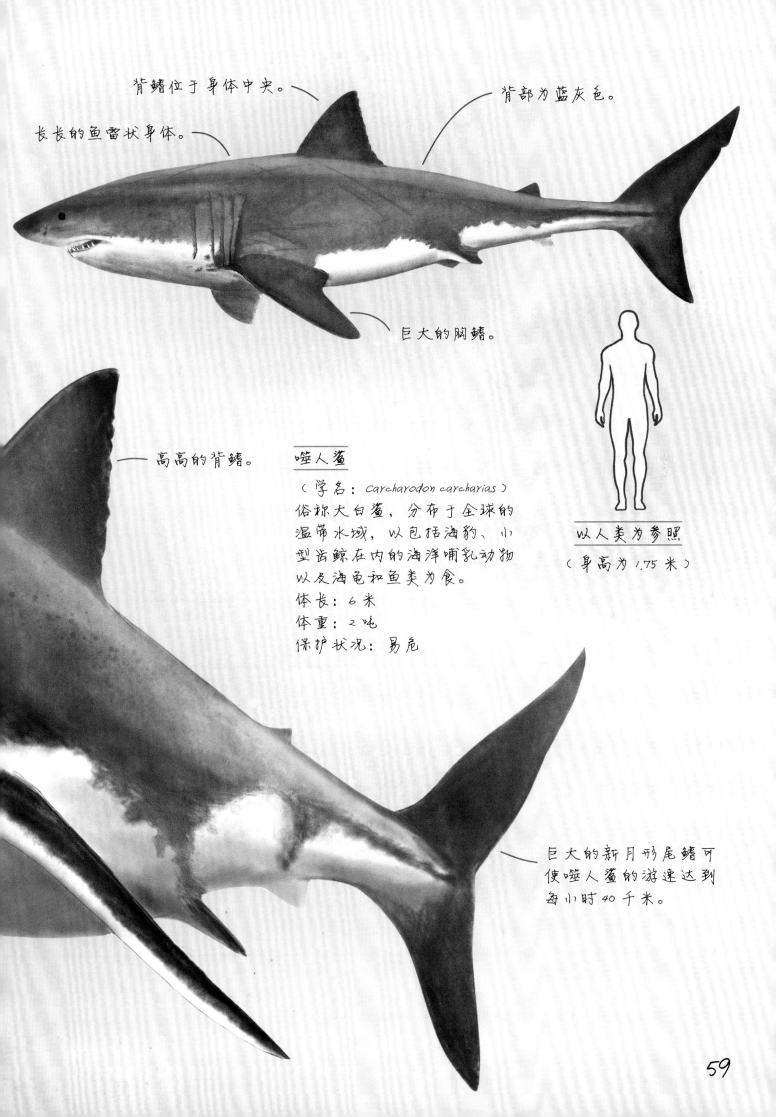

背鳍位于身体中央。

背部为蓝灰色。

长长的鱼雷状身体。

巨大的胸鳍。

高高的背鳍。

以人类为参照

（身高为 1.75 米）

噬人鲨

（学名：*Carcharodon carcharias*）
俗称大白鲨，分布于全球的
温带水域，以包括海豹、小
型齿鲸在内的海洋哺乳动物
以及海龟和鱼类为食。

体长：6 米

体重：2 吨

保护状况：易危

巨大的新月形尾鳍可
使噬人鲨的游速达到
每小时 40 千米。

59

鼠鲨目（接上页）

长长的尾鳍，其长度
与躯干的长度相当。

大眼睛。

口较小，口内
长有约80颗牙。

巨大的胸鳍。

姥鲨是世界第二大鱼类。

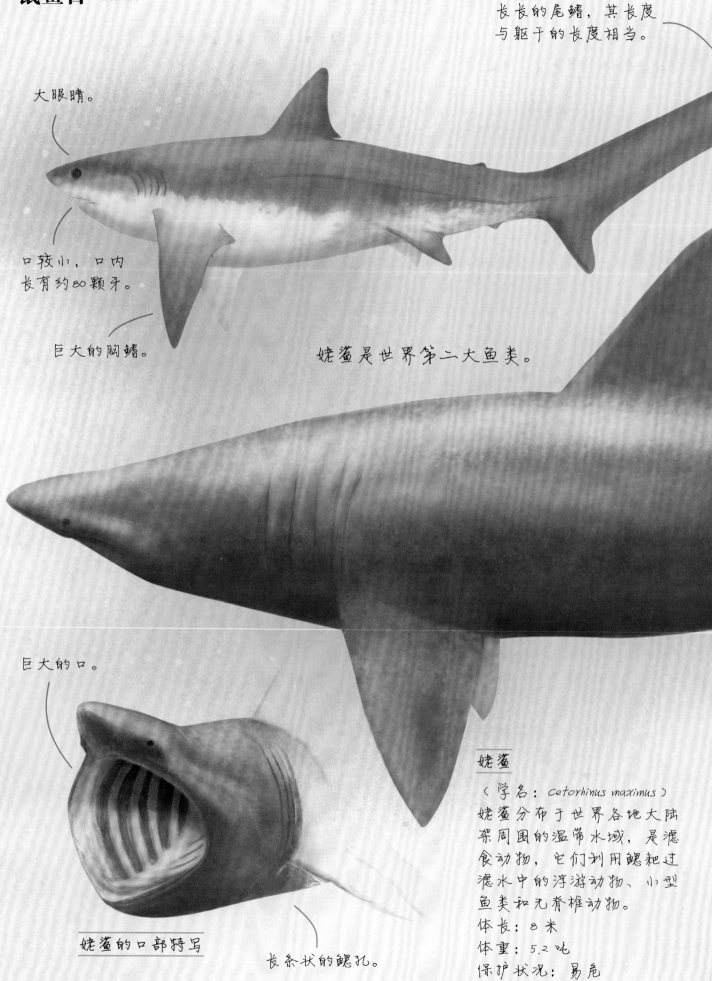

巨大的口。

姥鲨的口部特写

长条状的鳃孔。

姥鲨

（学名：*Cetorhinus maximus*）
姥鲨分布于世界各地大陆
架周围的温带水域，是滤
食动物，它们利用鳃耙过
滤水中的浮游动物、小型
鱼类和无脊椎动物。

体长：8米
体重：5.2吨
保护状况：易危

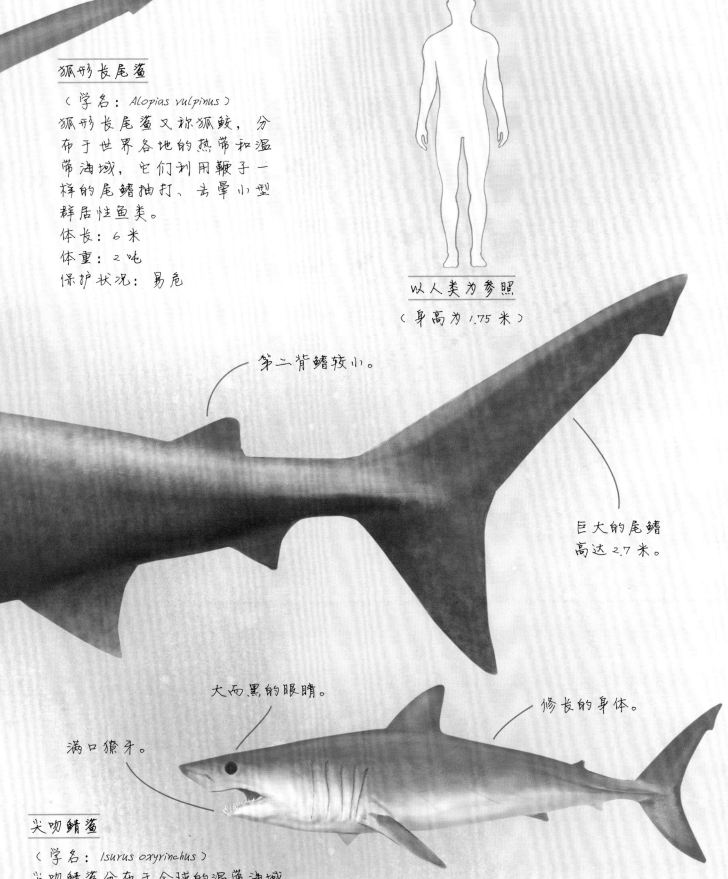

狐形长尾鲨

（学名：*Alopias vulpinus*）

狐形长尾鲨又称狐鲛，分
布于世界各地的热带和温
带海域，它们利用鞭子一
样的尾鳍抽打、击晕小型
群居性鱼类。

体长：6 米

体重：2 吨

保护状况：易危

以人类为参照

（身高为 1.75 米）

第二背鳍较小。

巨大的尾鳍
高达 2.7 米。

大而黑的眼睛。

修长的身体。

满口獠牙。

尖吻鲭鲨

（学名：*Isurus oxyrinchus*）

尖吻鲭鲨分布于全球的温带海域，
主要以鲭鱼和金枪鱼为食，但也以
海豚、海龟和海鸟为食。

体长：3 米

体重：136 千克

保护状况：易危

须鲨目（须鲨）

　　须鲨目的种类因体背上有漂亮的图案而被称为地毯鲨，这一种类在外观、体形大小和食性上存在很大差异。它们的眼睛都很小，口裂宽而浅且止于眼前，两个背鳍。其眼后都有一个小小的喷水孔，实际上那是一个退化的鳃孔，据说这个喷水孔与它们的呼吸有关，不仅能将水抽入鳃内，还能阻止沙子进入体内。须鲨目种类的体长范围30厘米（橙黄鲨）～12米（鲸鲨）。

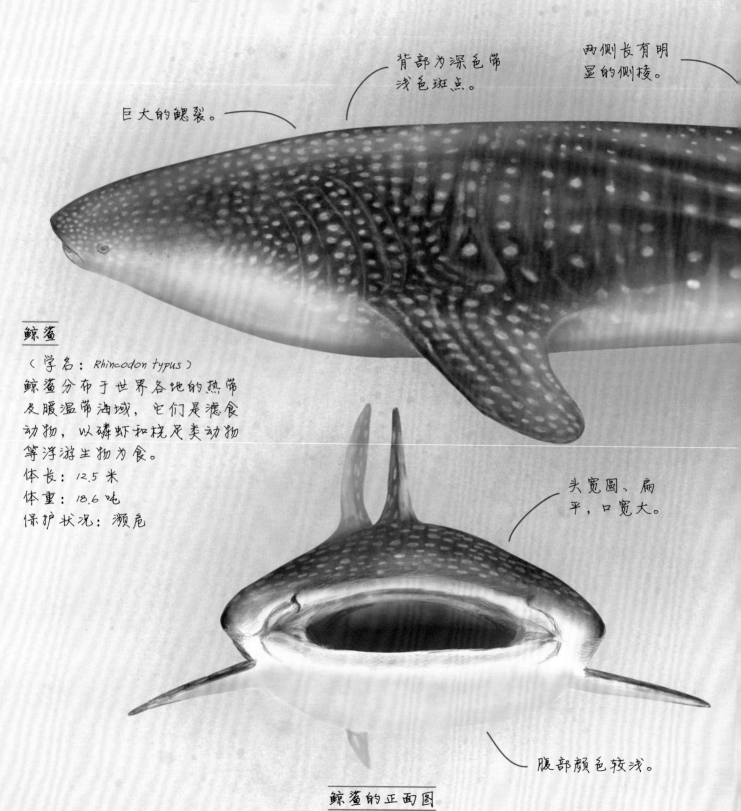

巨大的鳃裂。

背部为深色带浅色斑点。

两侧长有明显的侧棱。

头宽圆、扁平，口宽大。

腹部颜色较浅。

鲸鲨

（学名：Rhincodon typus）
鲸鲨分布于世界各地的热带及暖温带海域，它们是滤食动物，以磷虾和桡足类动物等浮游生物为食。
体长：12.5米
体重：18.6吨
保护状况：濒危

鲸鲨的正面图

62

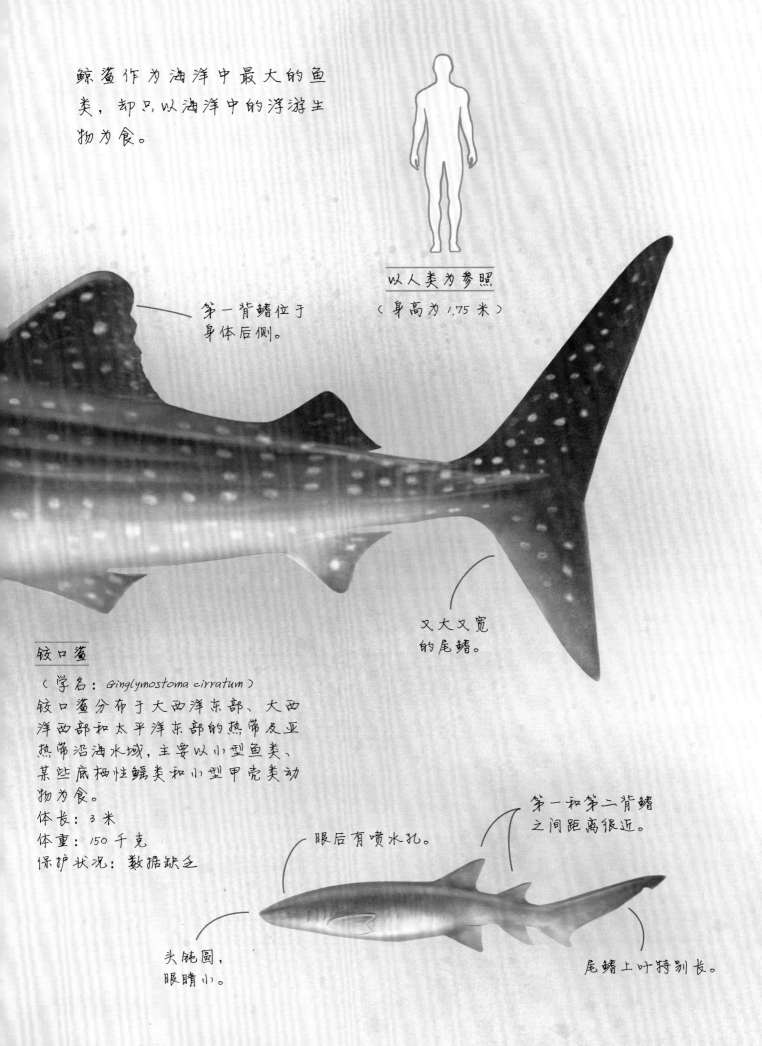

鲸鲨作为海洋中最大的鱼类，却只以海洋中的浮游生物为食。

第一背鳍位于身体后侧。

以人类为参照
（身高为 1.75 米）

又大又宽的尾鳍。

铵口鲨

（学名：Ginglymostoma cirratum）
铵口鲨分布于大西洋东部、大西洋西部和太平洋东部的热带及亚热带沿海水域，主要以小型鱼类、某些底栖性鳐类和小型甲壳类动物为食。
体长：3 米
体重：150 千克
保护状况：数据缺乏

第一和第二背鳍之间距离很近。

眼后有喷水孔。

头钝圆，眼睛小。

尾鳍上叶特别长。

63

真鲨目（真鲨）

　　真鲨目（Carcharhiniformes，俗称 Ground sharks）包含的鲨鱼种类最多，共有两百多种，是一个非常多样化的类群。其中有鼬鲨、公牛真鲨等重要鲨鱼以及十种双髻鲨。真鲨目种类的眼睛长有起保护作用的瞬膜，它们还有五个鳃孔和两个背鳍。

公牛真鲨

（学名：Carcharhinus leucas）
俗称牛鲨，在非洲也被称为赞比西鲨，分布于世界各地包括淡水湖和河流在内的温暖水域的沿岸地区，是一种具有攻击性的动物，它们主要以鲨鱼和鳐鱼等鱼类、海龟和陆地哺乳动物为食。
体长：3.4 米
体重：132 千克
保护状况：近危

公牛真鲨是少数几种能
在海水和淡水两种环境
中生存的鲨鱼之一。

三角形大背鳍。

粗大的身体。

形状独特的牙齿，边缘呈明显的锯齿状。

鼬鲨的牙齿特写

扁平的方形鼻子。

大口。

鼬鲨的头部特写

巨大的胸鳍。

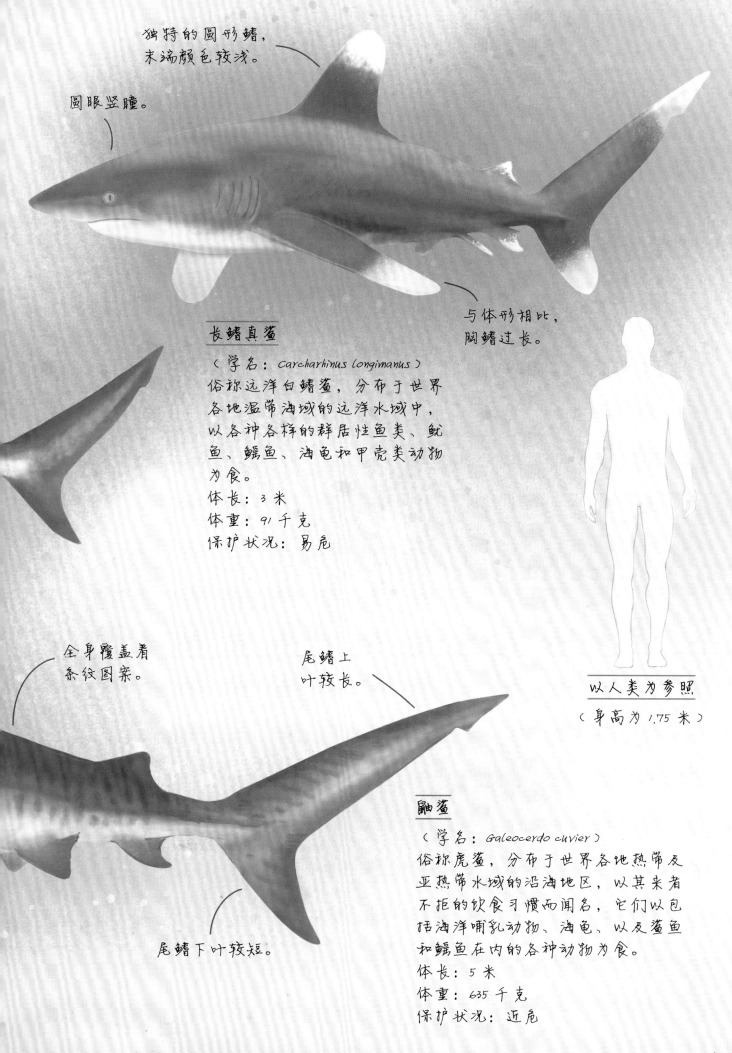

独特的圆形鳍，
末端颜色较浅。

圆眼竖瞳。

长鳍真鲨

（学名：Carcharhinus longimanus）
俗称远洋白鳍鲨，分布于世界
各地温带海域的远洋水域中，
以各种各样的群居性鱼类、鱿
鱼、鳐鱼、海龟和甲壳类动物
为食。
体长：3 米
体重：91 千克
保护状况：易危

与体形相比，
胸鳍过长。

以人类为参照

（身高为 1.75 米）

全身覆盖着
条纹图案。

尾鳍上
叶较长。

虎鲨

（学名：Galeocerdo cuvier）
俗称虎鲨，分布于世界各地热带及
亚热带水域的沿海地区，以其来者
不拒的饮食习惯而闻名，它们以包
括海洋哺乳动物、海龟、以及鲨鱼
和鳐鱼在内的各种动物为食。
体长：5 米
体重：635 千克
保护状况：近危

尾鳍下叶较短。

真鲨目（接上页）

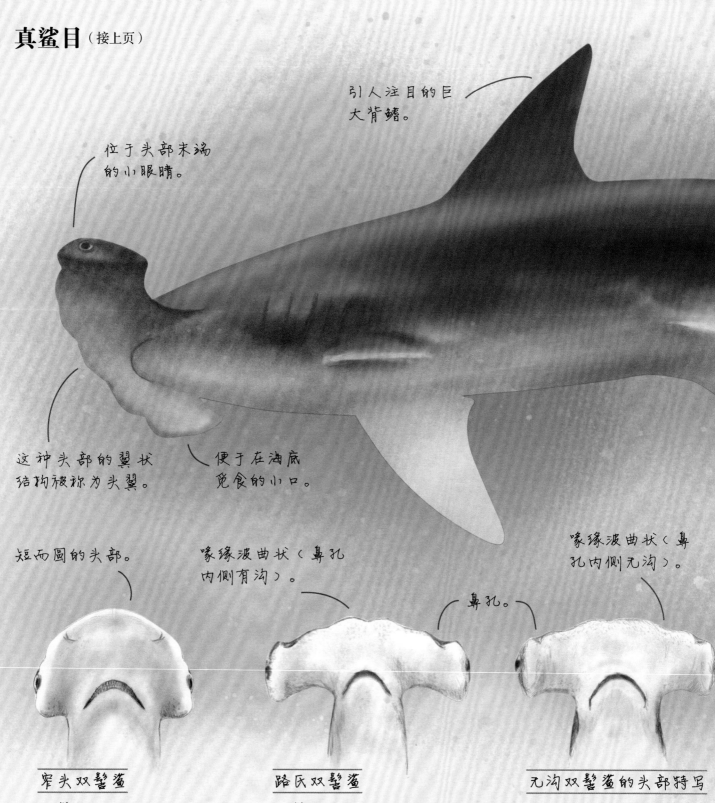

引人注目的巨大背鳍。

位于头部末端的小眼睛。

这种头部的翼状结构被称为头翼。

便于在海底觅食的小口。

短而圆的头部。

喙缘波曲状（鼻孔内侧有沟）。

喙缘波曲状（鼻孔内侧无沟）。

鼻孔。

窄头双髻鲨

（学名：*Sphyrna tiburo*）
窄头双髻鲨分布于美洲热带及亚热带水域的沿海地区，主要以包括蓝蟹和虾在内的甲壳类动物为食。
体长：0.9米
体重：11千克
保护状况：无危

路氏双髻鲨

（学名：*Sphyrna lewini*）
路氏双髻鲨分布于世界各地热带及亚热带水域的沿海地区，以群居性鱼类、鱿鱼和章鱼为食。
体长：2.4米
体重：82千克
保护状况：濒危

无沟双髻鲨的头部特写

双髻鲨共有十种，共同特征是
吻向两侧延伸而呈丁形。

无沟双髻鲨

（学名：*Sphyrna mokarran*）
无沟双髻鲨分布于世界各地海
岸线附近的热带水域，以硬骨
鱼、螃蟹、龙虾、鱿鱼、小型
鲨鱼和刺鳐等多种动物为食。
体长：6米
体重：544千克
保护状况：濒危

斑点和条
形斑纹。

第一和第二背鳍
大小几乎相当。

半带皱唇鲨

（学名：*Triakis semifasciata*）
俗称豹鲨，分布于太平洋东北部从
寒冷水域至温暖水域的沿海地区，
主要以蟹类、虾和小型硬骨鱼类等
为食。
体长：1.8米
体重：18千克
保护状况：无危

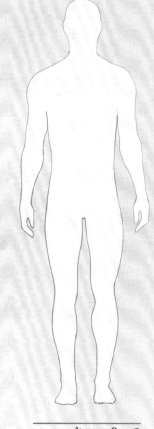

以人类为参照

（身高为1.75米）

67

鳐形总目（鳐鱼）

鳐形总目由锯鳐目、电鳐目、鳐目及鲼形目四个目组成，共六百余种，习惯统称鳐类，它们与鲨鱼有很近的亲缘关系，都属软骨鱼类。

其外形特征是身体扁平适合底栖，胸鳍扩大成翼状，可快速推动身体前进。同鲨鱼一样，它们的眼后都有喷水孔，以辅助它们在海底呼吸。鳐类的体盘宽度为10厘米（短鼻电鳐）～7米（双吻前口蝠鲼）。

鲼形目（刺鳐）

鲼形目种类有一百七十多种，因大多数种类尾部都长有刺，故也有刺鳐之称，这些刺都有剧毒，是它们用以躲避攻击的自卫武器。

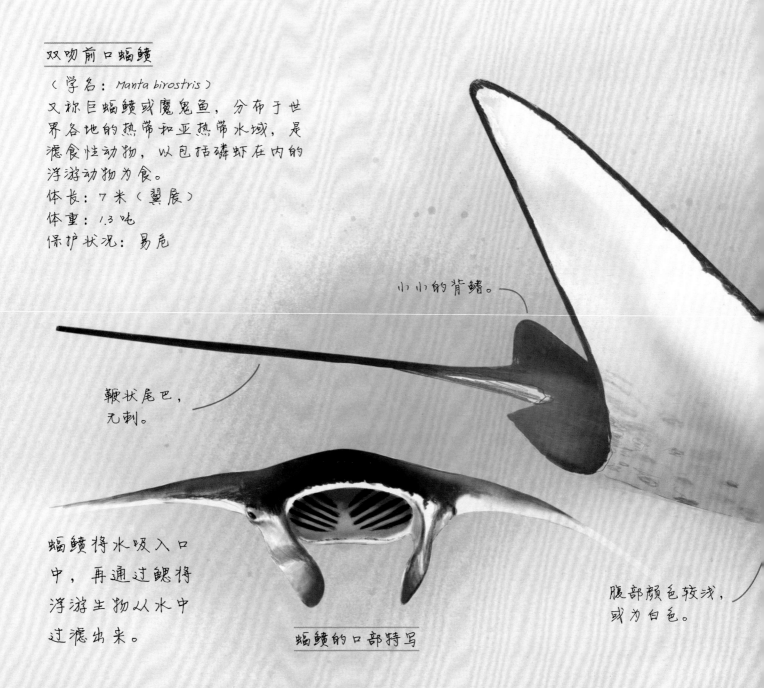

双吻前口蝠鲼

（学名：*Manta birostris*）
又称巨蝠鲼或魔鬼鱼，分布于世界各地的热带和亚热带水域，是滤食性动物，以包括磷虾在内的浮游动物为食。
体长：7米（翼展）
体重：1.3吨
保护状况：易危

小小的背鳍。

鞭状尾巴，无刺。

蝠鲼将水吸入口中，再通过鳃将浮游生物从水中过滤出来。

蝠鲼的口部特写

腹部颜色较浅，或为白色。

68

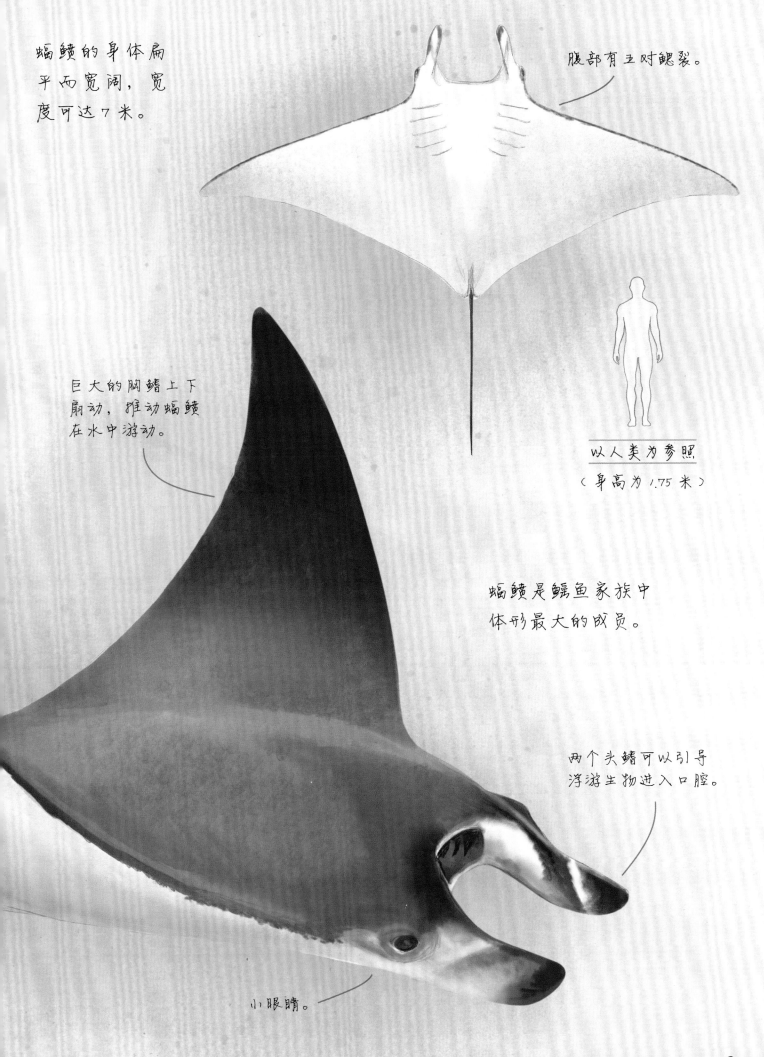

蝠鲼的身体扁平而宽阔，宽度可达7米。

腹部有五对鳃裂。

巨大的胸鳍上下扇动，推动蝠鲼在水中游动。

以人类为参照
（身高为1.75米）

蝠鲼是鳐鱼家族中体形最大的成员。

两个头鳍可以引导浮游生物进入口腔。

小眼睛。

鲼形目（接上页）

美洲魟

（学名：*Hypanus americanus*）
美洲魟分布于大西洋西部的热带及亚
热带海岸沿线，在海底搜捕小型鱼类、
蠕虫和甲壳类动物作为食物。
体长：1.8米（体盘宽度）
体重：98千克
保护状况：缺乏数据

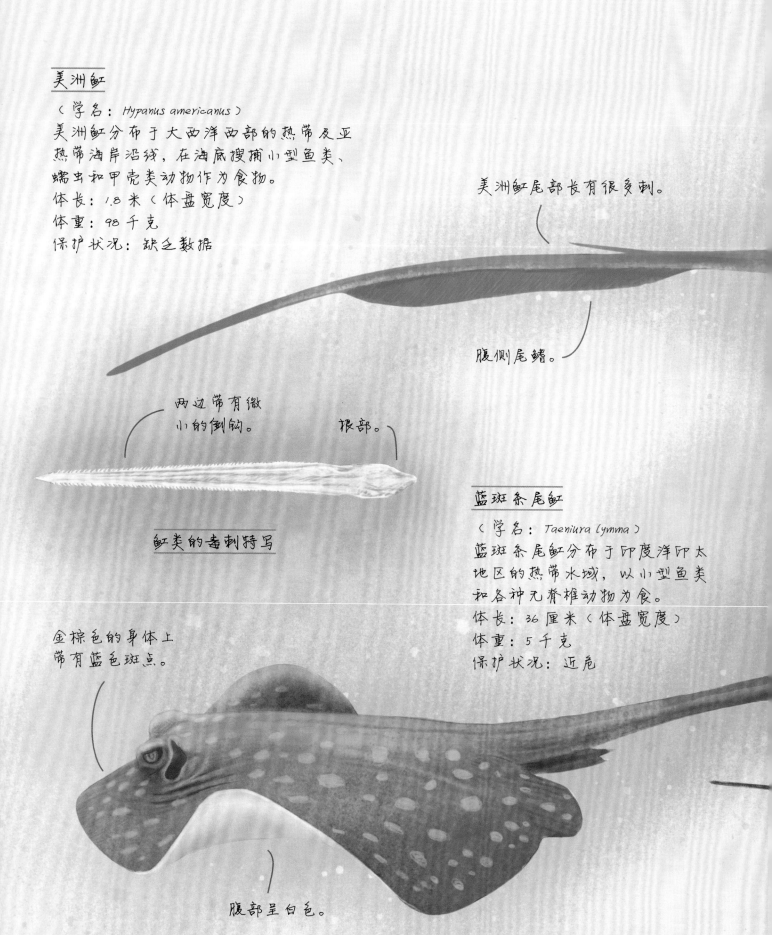

美洲魟尾部长有很多刺。

腹侧尾鳍。

两边带有微
小的倒钩。

根部。

魟类的毒刺特写

蓝斑条尾魟

（学名：*Taeniura lymma*）
蓝斑条尾魟分布于印度洋和太
地区的热带水域，以小型鱼类
和各种无脊椎动物为食。
体长：36厘米（体盘宽度）
体重：5千克
保护状况：近危

金棕色的身体上
带有蓝色斑点。

腹部呈白色。

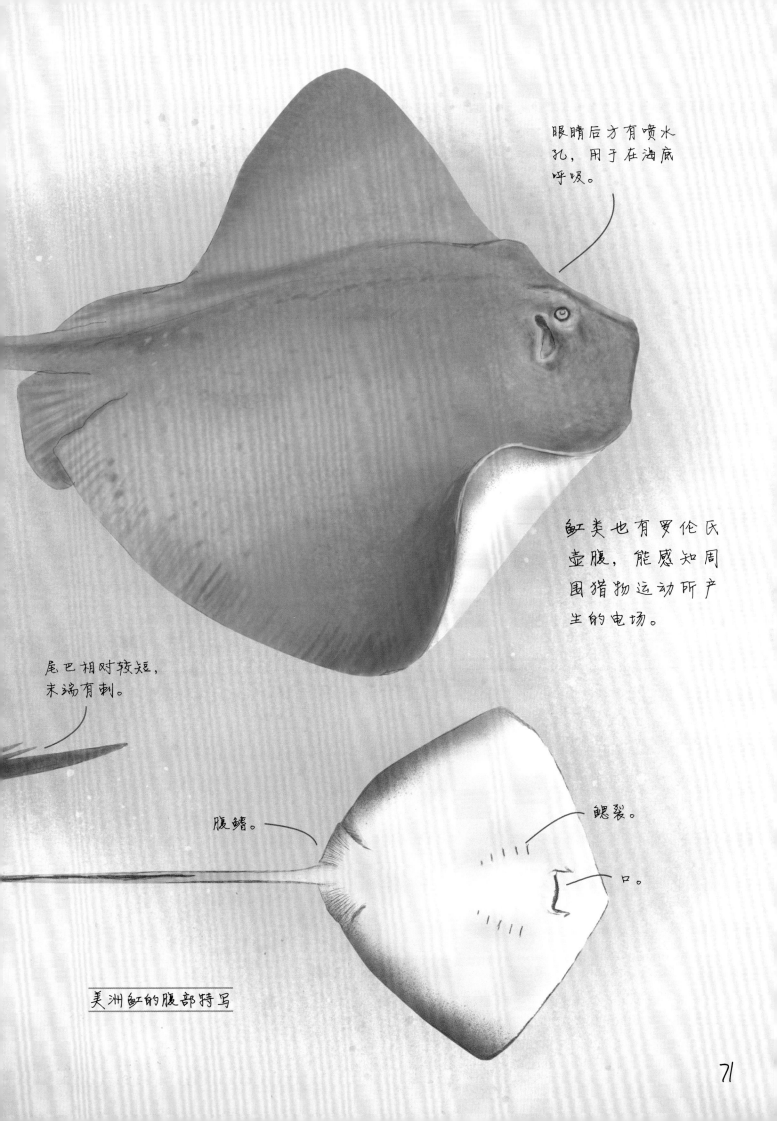

眼睛后方有喷水
孔，用于在海底
呼吸。

魟类也有罗伦氏
壶腹，能感知周
围猎物运动所产
生的电场。

尾巴相对较短，
末端有刺。

腹鳍。

鳃裂。

口。

美洲魟的腹部特写

鲼形目（接上页）

纳氏鹞鲼

（学名：*Aetobatus narinari*）

纳氏鹞鲼分布于世界各地的热带、浅海以及沿海水域，以包括螃蟹、软体动物、虾和章鱼在内的小型无脊椎动物为食。

体长：5米（包括尾巴）
　　　3米（翼展）
体重：227千克
保护状况：近危

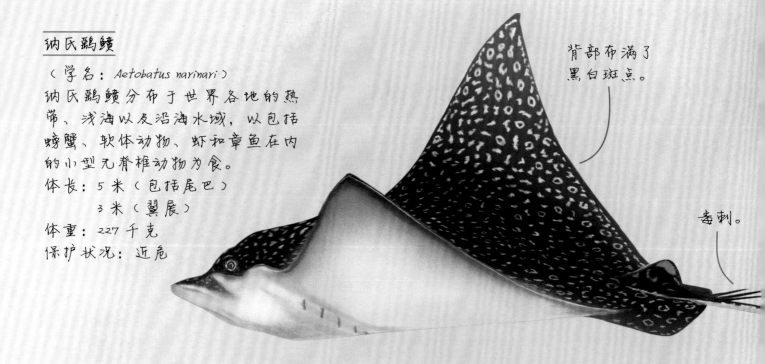

背部布满了黑白斑点。

毒刺。

锯鳐目（锯鳐）

锯鳐目是鳐形总目下的一个目，共有六种。它们的共同特征是长而扁平的鼻子（也被称为吻部），两侧带有突出的牙齿状棘刺。它们的吻部还布满了微小的毛孔，可以探测到藏在沙子里的猎物。

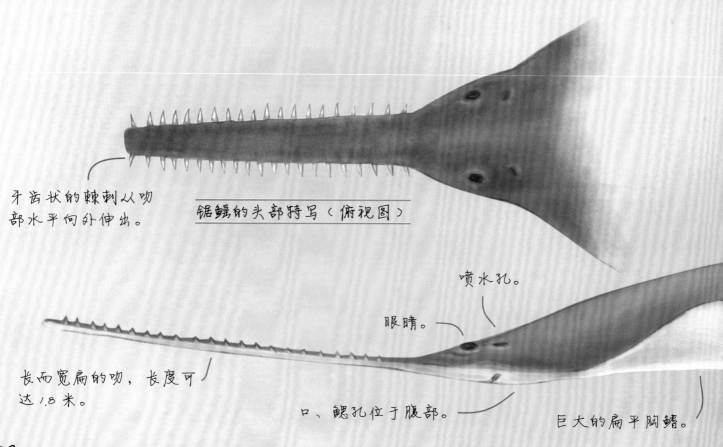

牙齿状的棘刺从吻部水平向外伸出。

锯鳐的头部特写（俯视图）

喷水孔。

眼睛。

长而宽扁的吻，长度可达1.8米。

口、鳃孔位于腹部。

巨大的扁平胸鳍。

口前的吻部呈鸭嘴状突出，形成"吻鳍"。

身体下方有五个鳃孔。

纳氏鹞鳐的头部特写

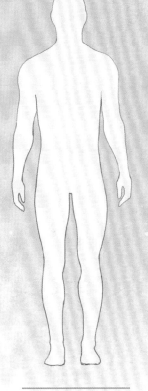

以人类为参照

（身高为 1.75 米）

栉齿锯鳐

（学名：*Pristis pectinata*）

栉齿锯鳐分布于世界各地的热带浅海及沿海水域，它们会用长长的锯齿状鼻子挖掘甲壳类动物和软体动物，还会用其攻击鱼群。

体长：6 米

体重：363 千克

保护状况：极危

两个背鳍大小相当。

尾鳍没有下叶。

扁而宽的身体。

硬骨鱼总纲

硬骨鱼

硬骨鱼总纲下分肉鳍鱼纲和辐鳍鱼纲，是脊椎动物中最大的一个类群，共有二万八千余种。硬骨鱼类种类繁多，形态及大小各异。它们的共同特征是内骨骼或多或少出现了硬骨，大多数具有鳔（气囊），用于控制鱼类在水体中的升降。此外，大多数硬骨鱼类还有沿体侧水平分布的侧线——重要的感觉器官，构成其对周围水流的振动、运动和压力变化的感知器。

肉鳍鱼纲（肉鳍鱼）

肉鳍鱼纲鱼类仅记录八种，两种隶属腔棘鱼类中的矛尾鱼，其余六种为隶属角齿鱼类的淡水肺鱼。与辐鳍鱼纲的鱼类不同，肉鳍鱼类的偶鳍呈叶状，基部都有发达的肌肉及粗壮的中轴骨骼。许多学者认为，现代肉鳍鱼的祖先在海洋动物向陆地动物的进化过程中发挥了重要作用。

矛尾鱼曾被认为在 6500 万年前就已经灭绝，直到 1938 年发现活体样本。这为它赢得了"活化石"的称号。

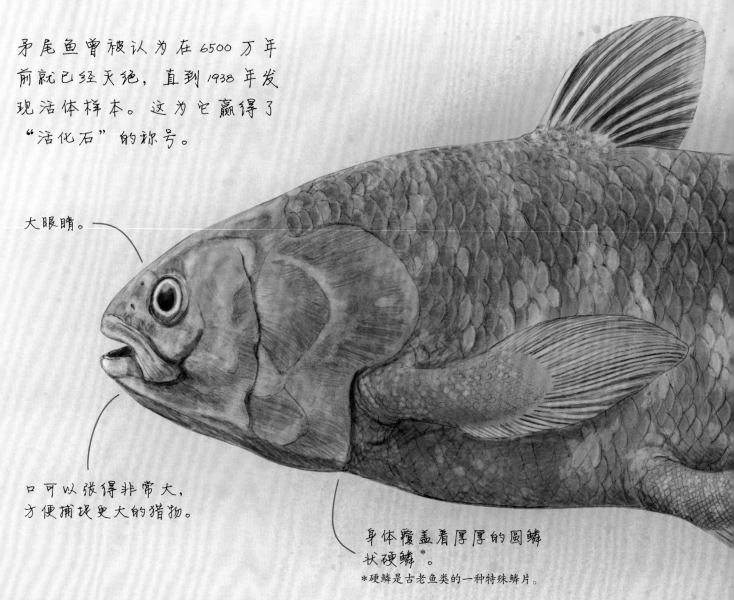

大眼睛。

口可以张得非常大，方便捕捉更大的猎物。

身体覆盖着厚厚的圆鳞状硬鳞*。
*硬鳞是古老鱼类的一种特殊鳞片。

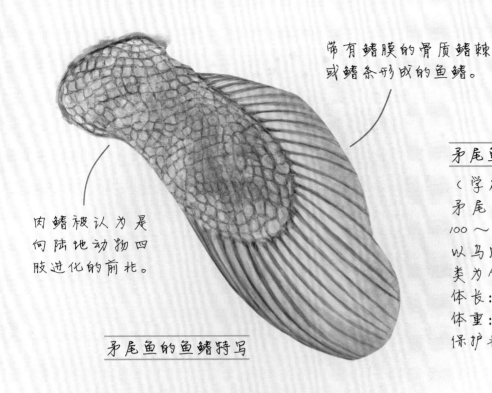

带有鳍膜的骨质鳍棘
或鳍条形成的鱼鳍。

肉鳍被认为是
向陆地动物四
肢进化的前兆。

矛尾鱼的鱼鳍特写

矛尾鱼

（学名：*Latimeria chalumnae*）

矛尾鱼发现于东非近岸地区
100～500米深的海洋中，主要
以乌贼、鱿鱼、章鱼和小型鱼
类为食。

体长：2米
体重：91千克
保护状况：极危

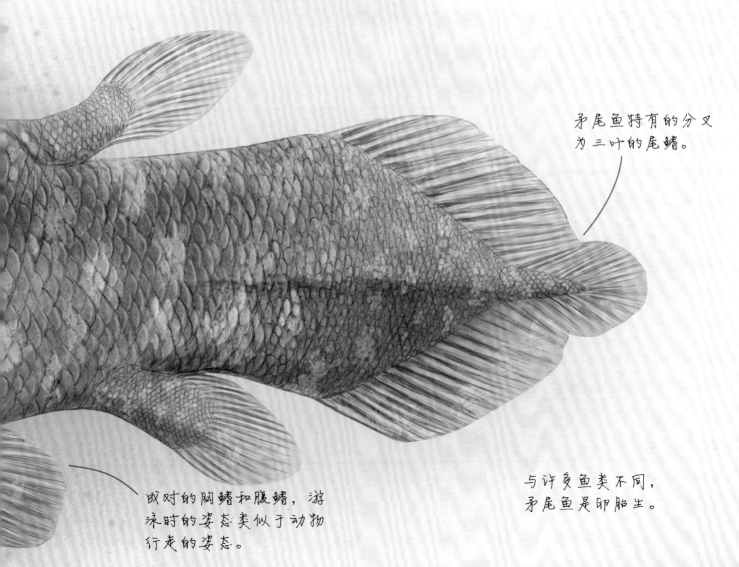

矛尾鱼特有的分叉
为三叶的尾鳍。

成对的胸鳍和腹鳍，游
泳时的姿态类似于动物
行走的姿态。

与许多鱼类不同，
矛尾鱼是卵胎生。

辐鳍鱼纲（辐鳍鱼）

辐鳍鱼纲鱼类因具骨质鳍棘和鳍条，并连同鳍膜共同构成辐射状鳍而闻名，是现生鱼类种类数量最多的一个纲，约占鱼类总数的99%。它们的分布也极为广泛，从海岸线到严酷深海，从内陆淡水到广阔海洋都有其踪迹。

辐鳍鱼纲鱼类的形态及个体大小差异极大，短壮辛氏微体鱼（学名：*Schindleria brevipinguis*）体长仅8毫米，而皇带鱼（学名：*Regalecus glesne*）体长近11米。

海鲢目（大海鲢）

海鲢目种类仅大海鲢、海鲢两个属，共九种。均为海淡水之间的洄游性种类。从进化程度看，属比较原始的类群，它们的鱼鳔上有一条开口导管，其功能类似高等动物的肺，让它们得以从水面上吸入大量的空气，拥有在低氧环境中生存的优势，对于成鱼前躲避敌害尤为重要。

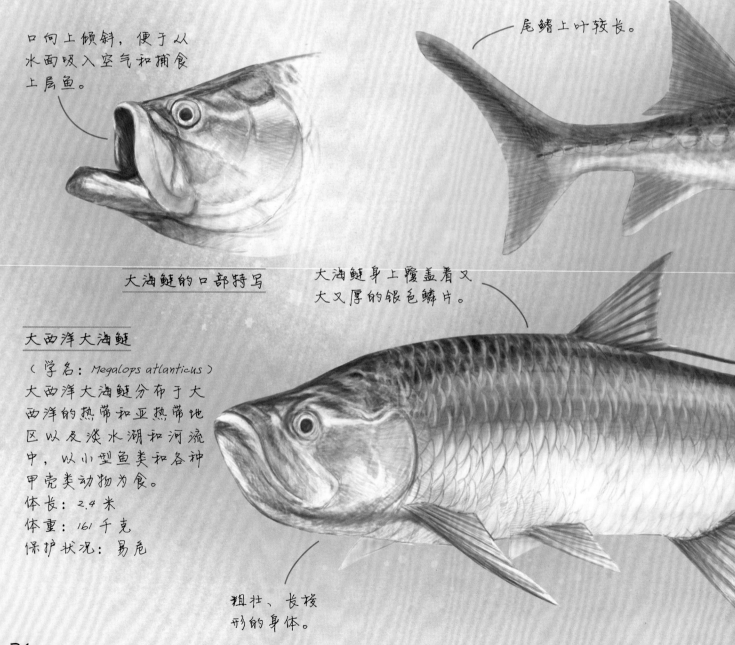

口向上倾斜，便于从水面吸入空气和捕食上层鱼。

尾鳍上叶较长。

大海鲢的口部特写

大海鲢身上覆盖着又大又厚的银色鳞片。

大西洋大海鲢

（学名：*Megalops atlanticus*）
大西洋大海鲢分布于大西洋的热带和亚热带地区以及淡水湖和河流中，以小型鱼类和各种甲壳类动物为食。
体长：2.4 米
体重：161 千克
保护状况：易危

粗壮、长椭圆形的身体。

鲟形目（鲟）

鲟形目有鲟科和匙吻鲟科两科，共二十七种，为最古老的一个类群，它们的大部分骨骼都为软骨，仅头骨、下颌和支鳍骨为硬骨。

鲟形目种类全部营底栖生活，为了寻找和捕食浅埋于底层的猎物发生特化，尤其是口前的触须——特化的感觉器官，能灵敏地感知猎物。

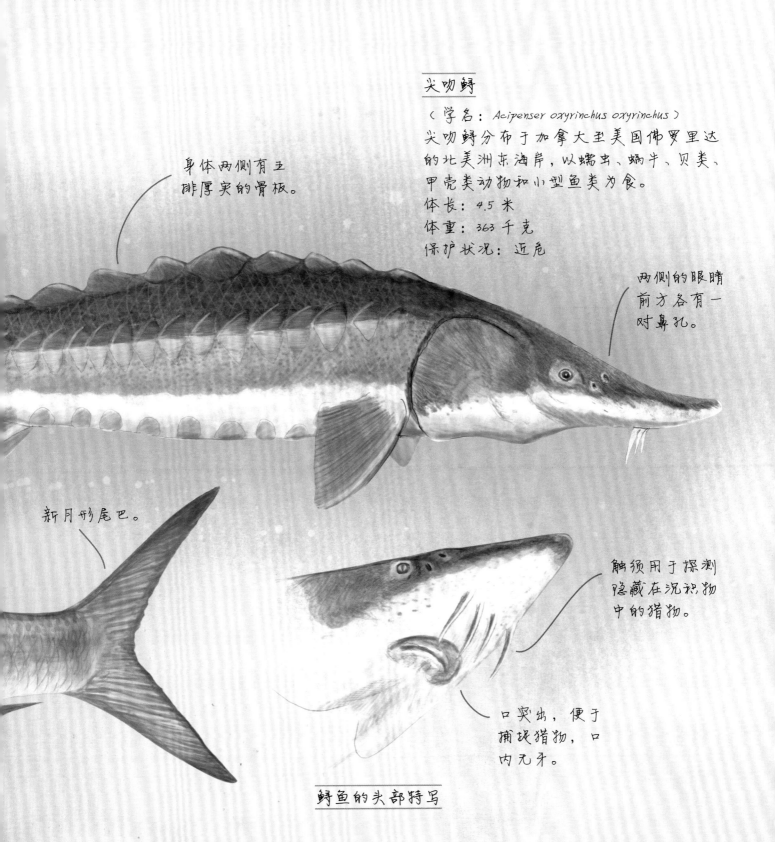

身体两侧有五排厚实的骨板。

尖吻鲟

（学名：Acipenser oxyrinchus oxyrinchus）
尖吻鲟分布于加拿大至美国佛罗里达的北美洲东海岸，以蠕虫、蜗牛、贝类、甲壳类动物和小型鱼类为食。
体长：4.5 米
体重：363 千克
保护状况：近危

两侧的眼睛前方各有一对鼻孔。

新月形尾巴。

触须用于探测隐藏在沉积物中的猎物。

口突出，便于捕捉猎物，口内无牙。

鲟鱼的头部特写

鳗鲡目（海鳝）

鳗鲡目种类约八百种，大多为食肉动物。其中有些为海淡水之间的洄游性种类。鳗鲡目种类的体形大多呈棍状，习惯称为"鳗形"，它们还缺少腹鳍和尾鳍，外形上很容易辨认。

鳗鲡目中的海鳝，在捕食猎物方面有一些特化，除了上下颌中的牙齿（颌齿）外，咽喉部还长有另一套可伸缩的牙齿（咽齿），当攻击猎物时，它们会用颌齿咬住猎物，然后伸出咽齿切咬。

鳗鲡目鱼类的个体大小差异极大，如阿氏单颌鳗（学名：*Monognathus ahlstromi*）体长仅 5 厘米，而爪哇裸胸鳝（学名：*Gymnothorax javanicus*）体长可达 4 米。

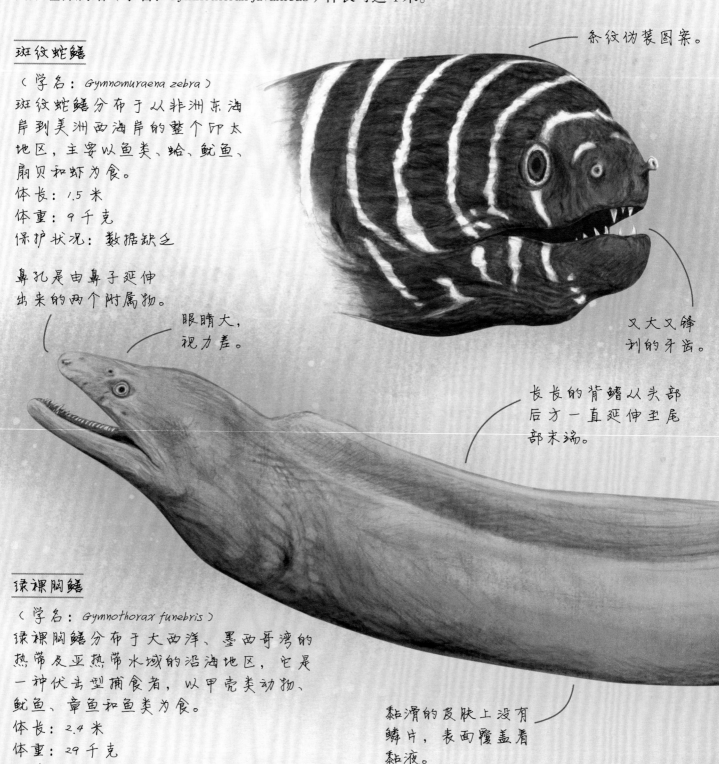

条纹伪装图案。

斑纹蛇鳝

（学名：*Gymnomuraena zebra*）
斑纹蛇鳝分布于从非洲东海岸到美洲西海岸的整个印太地区，主要以鱼类、蛤、鱿鱼、扇贝和虾为食。
体长：1.5 米
体重：9 千克
保护状况：数据缺乏

鼻孔是由鼻子延伸出来的两个附属物。

眼睛大，视力差。

又大又锋利的牙齿。

长长的背鳍从头部后方一直延伸至尾部末端。

绿裸胸鳝

（学名：*Gymnothorax funebris*）
绿裸胸鳝分布于大西洋、墨西哥湾的热带及亚热带水域的沿海地区，它是一种伏击型捕食者，以甲壳类动物、鱿鱼、章鱼和鱼类为食。
体长：2.4 米
体重：29 千克
保护状况：无危

黏滑的皮肤上没有鳞片，表面覆盖着黏液。

78

海鳝类通过张开、
闭合口部使海水流
经鳃而呼吸。

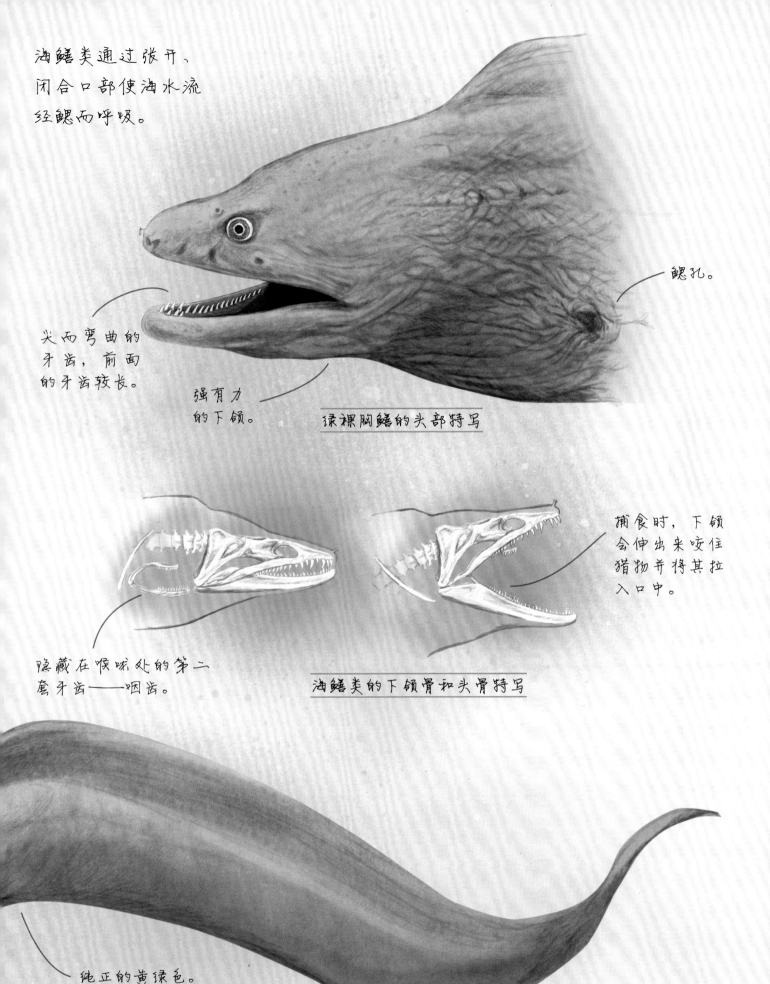

鳃孔。

尖而弯曲的
牙齿，前面
的牙齿较长。

强有力
的下颌。

绿裸胸鳝的头部特写

捕食时，下颌
会伸出来咬住
猎物并将其拉
入口中。

隐藏在喉咙处的第二
套牙齿——咽齿。

海鳝类的下颌骨和头骨特写

纯正的黄绿色。

鲀形目（箱鲀、鳞鲀、翻车鲀）

　　鲀形目种类包括箱鲀、鳞鲀、翻车鲀等，共三百余种，与大部分鱼类的体形（流线型）不同，鲀形目鱼类的体形有方形、圆形，也有侧扁，可谓千奇百怪。其中东方鲀类甚至可以借助体内气囊的收放来改变体形。个体大小也存在极大差异，小的如毛柄粗皮鲀体长仅2厘米，而翻车鲀体长可达3.3米。

高而侧扁的身体上带有彩色图案。

背鳍前有一枚游离的粗大鳍棘，基部有一个可以自然收放的关节，必要时竖起，用以自卫。

口裂小，齿呈喙状，可压碎贝壳。

叉斑钝鳞鲀

（学名：Rhinecanthus aculeatus）
俗称鸳鸯炮弹，分布于太平洋印太地区的热带及亚热带水域，以藻类、软体动物、甲壳类动物、蠕虫、海胆、鱼类和珊瑚为食，捕食范围广泛。
体长：25厘米
体重：453克
保护状况：数据缺乏

角箱鲀

（学名：Lactoria cornuta）
角箱鲀分布于太平洋印太地区的热带及亚热带珊瑚礁中，从海底过滤包括蠕虫、软体动物和甲壳类动物在内的小型生物作为食物。
体长：51厘米
体重：170克
保护状况：数据缺乏

六角形的鳞片镶嵌在一起形成坚硬的保护壳。

口裂很小，位于身体下方。

白点叉鼻鲀

（学名：Arothron meleagris）
白点叉鼻鲀分布于太平洋印太地区的热带及亚热带水域，主要以珊瑚为食，偶尔也以海绵动物、软珊瑚和其他珊瑚礁生物为食。
体长：51厘米
体重：453克
保护状况：无危

内脏含有毒素，对其他鱼类有害。

作为一种防御行为，它们的身体会充水膨胀，看起来比原本大两倍以上。

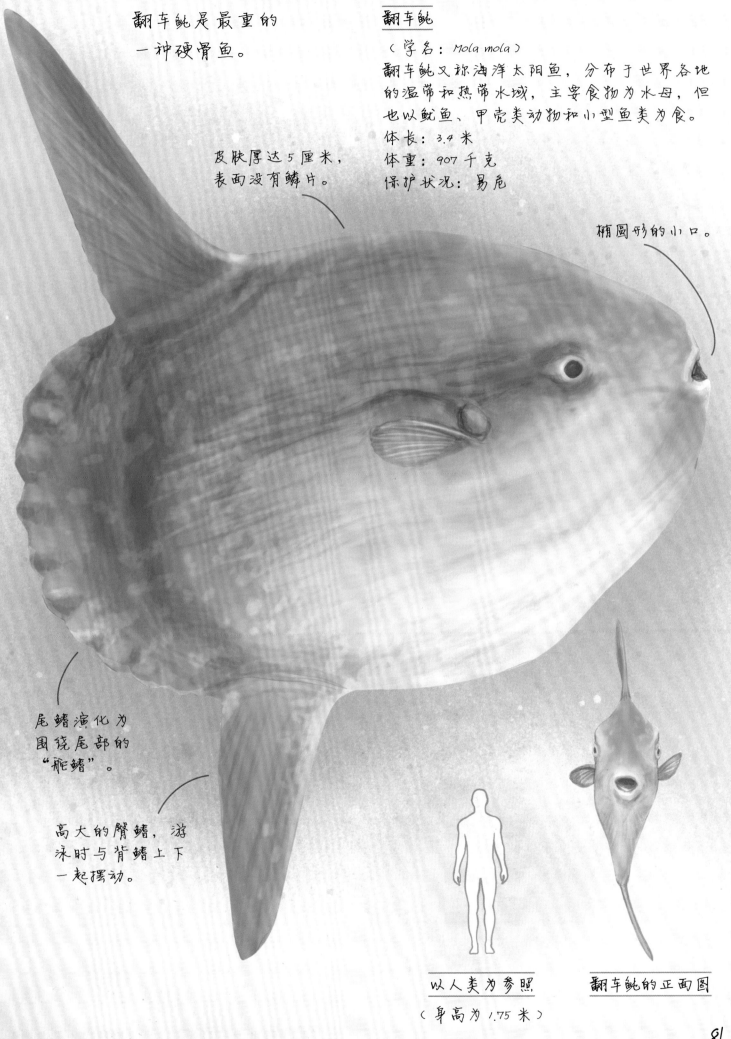

翻车鲀是最重的
一种硬骨鱼。

皮肤厚达5厘米，
表面没有鳞片。

尾鳍演化为
围绕尾部的
"舵鳍"。

高大的臀鳍，游
泳时与背鳍上下
一起摆动。

翻车鲀

（学名：Mola mola）
翻车鲀又称海洋太阳鱼，分布于世界各地
的温带和热带水域，主要食物为水母，但
也以鱿鱼、甲壳类动物和小型鱼类为食。
体长：3.4米
体重：907千克
保护状况：易危

椭圆形的小口。

以人类为参照
（身高为1.75米）

翻车鲀的正面图

月鱼目（月鱼、皇带鱼）

月鱼目包括月鱼、皇带鱼等，共二十多种。月鱼目鱼类均为远洋鱼类，生活在远离海岸的开阔水域，栖息水深91～914米。

月鱼目种类的体形都为侧扁形或长带状或圆形，体长30厘米（旗月鱼）～11米（皇带鱼）。

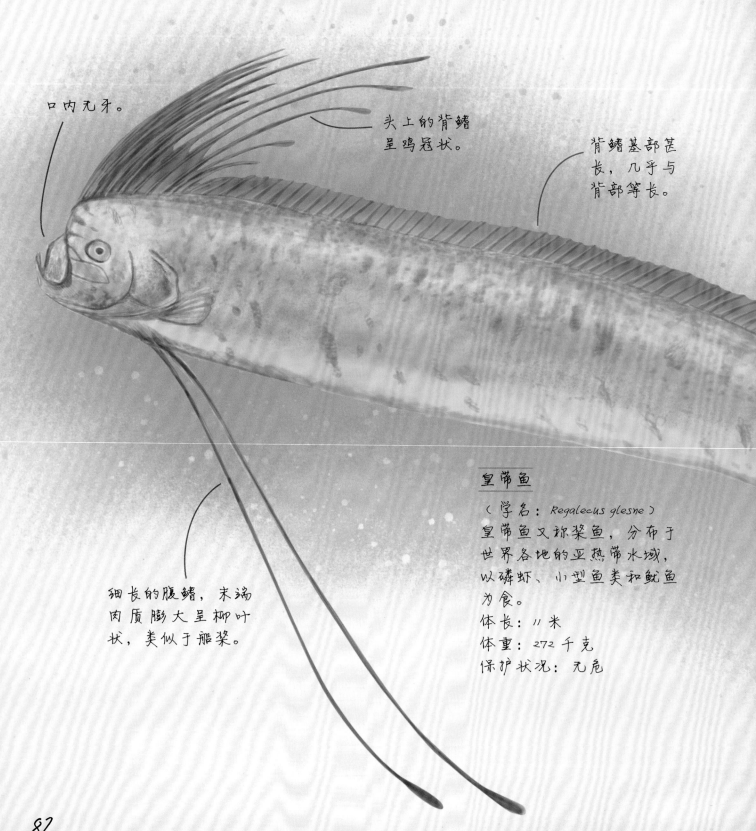

口内无牙。

头上的背鳍呈鸡冠状。

背鳍基部甚长，几乎与背部等长。

细长的腹鳍，末端肉质膨大呈柳叶状，类似于船桨。

皇带鱼

（学名：Regalecus glesne）
皇带鱼又称桨鱼，分布于世界各地的亚热带水域，以磷虾、小型鱼类和鱿鱼为食。
体长：11米
体重：272千克
保护状况：无危

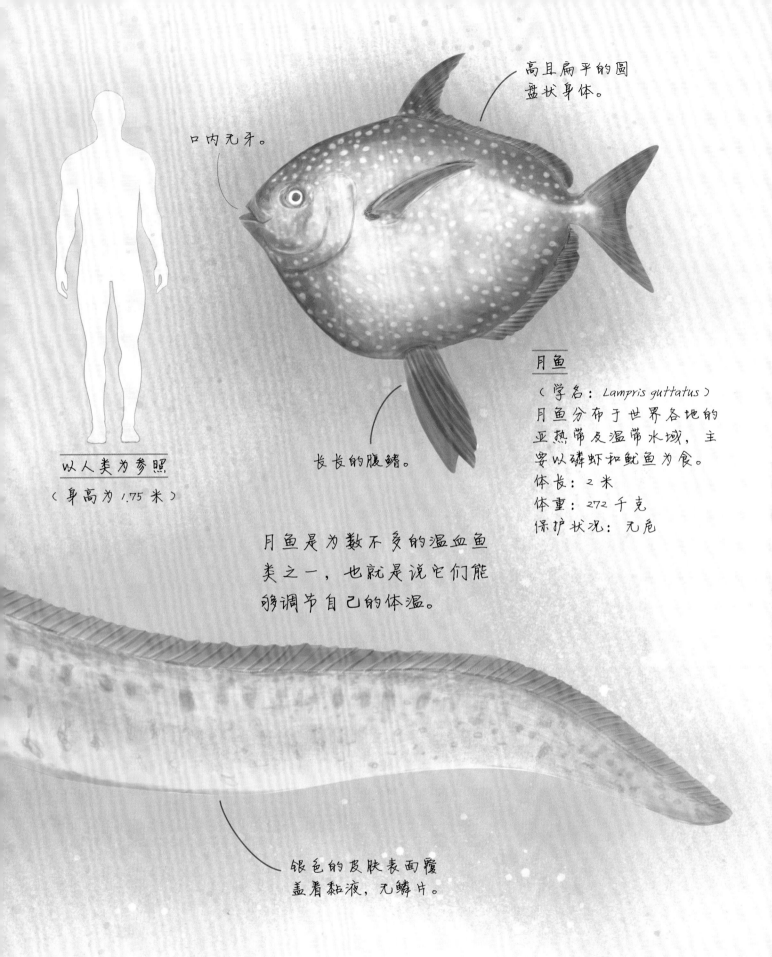

高且扁平的圆盘状身体。

口内无牙。

月鱼

（学名：*Lampris guttatus*）
月鱼分布于世界各地的亚热带及温带水域，主要以磷虾和鱿鱼为食。
体长：2 米
体重：272 千克
保护状况：无危

以人类为参照
（身高为 1.75 米）

长长的腹鳍。

月鱼是为数不多的温血鱼类之一，也就是说它们能够调节自己的体温。

银色的皮肤表面覆盖着黏液，无鳞片。

皇带鱼是已知的最长的硬骨鱼。

鳕形目（鳕鱼、黑线鳕）

鳕形目鱼类共一百八十余种，其中包括了许多人类经常食用的各种鳕鱼。

鳕形目鱼类主要以群居的方式生活在温带水域至冷水水域，以底栖小型鱼类以及蟹类等甲壳类动物为食。它们的体形大小不一，体长范围7厘米（犀鳕）～2米（大西洋鳕）。

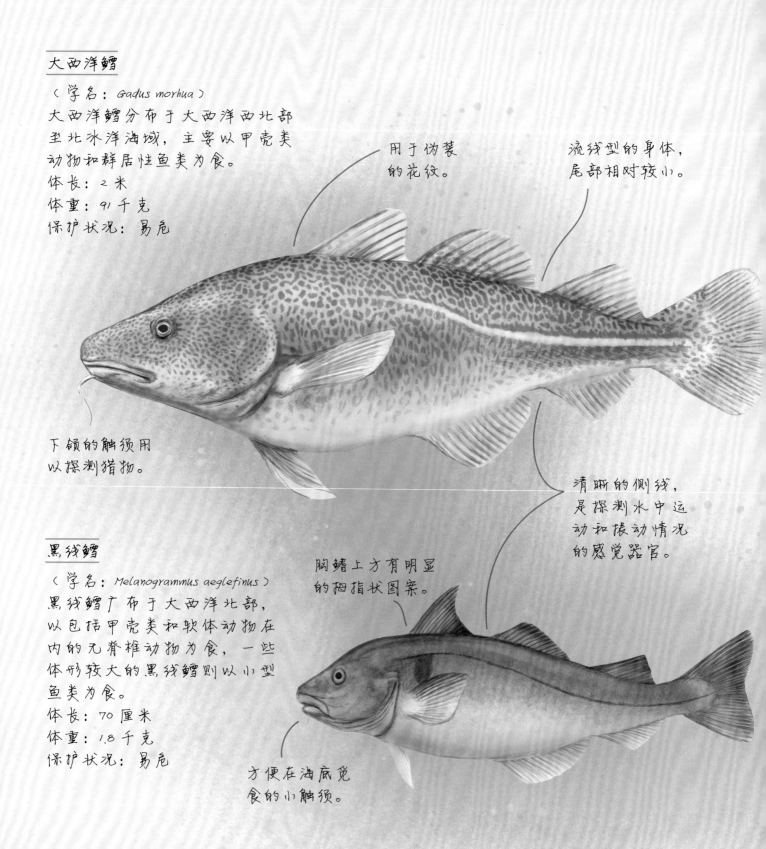

大西洋鳕

（学名：*Gadus morhua*）
大西洋鳕分布于大西洋西北部至北冰洋海域，主要以甲壳类动物和群居性鱼类为食。
体长：2米
体重：91千克
保护状况：易危

用于伪装的花纹。

流线型的身体，尾部相对较小。

下颌的触须用以探测猎物。

清晰的侧线，是探测水中运动和振动情况的感觉器官。

黑线鳕

（学名：*Melanogrammus aeglefinus*）
黑线鳕广布于大西洋北部，以包括甲壳类和软体动物在内的无脊椎动物为食，一些体形较大的黑线鳕则以小型鱼类为食。
体长：70厘米
体重：1.8千克
保护状况：易危

胸鳍上方有明显的拇指状图案。

方便在海底觅食的小触须。

鲽形目（比目鱼）

　　鲽形目鱼类习惯统称比目鱼，因其椭圆、扁平的外形和不对称的特征（包括眼睛位于身体一侧）很容易辨认。幼鱼期的比目鱼外形与其他鱼类相似，但会经历一次变态发育，它们的双眼会经过迁移位于身体的同一侧。一旦产生这种变化，比目鱼便会在海底度过余生，它们以底栖动物为食，并藏在沙子里以躲避捕食者。

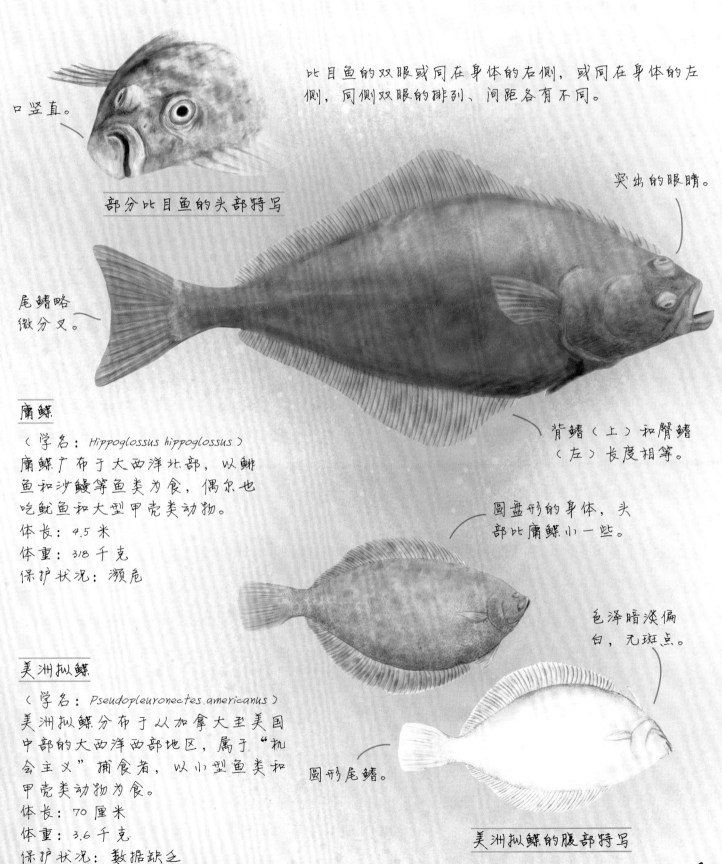

口竖直。

部分比目鱼的头部特写

比目鱼的双眼或同在身体的右侧，或同在身体的左侧，同侧双眼的排列、间距各有不同。

突出的眼睛。

尾鳍略微分叉。

背鳍（上）和臀鳍（左）长度相等。

庸鲽

（学名：*Hippoglossus hippoglossus*）
庸鲽广布于大西洋北部，以鲱鱼和沙鳗等鱼类为食，偶尔也吃鱿鱼和大型甲壳类动物。
体长：4.5 米
体重：318 千克
保护状况：濒危

圆盘形的身体，头部比庸鲽小一些。

色泽暗淡偏白，无斑点。

美洲拟鲽

（学名：*Pseudopleuronectes americanus*）
美洲拟鲽分布于从加拿大至美国中部的大西洋西部地区，属于"机会主义"捕食者，以小型鱼类和甲壳类动物为食。
体长：70 厘米
体重：3.6 千克
保护状况：数据缺乏

圆形尾鳍。

美洲拟鲽的腹部特写

鲉形目（鲂鱼和蓑鲉）

鲉形目是鱼类中最大的目之一，其种类有一千三百余种。因多数种类头部骨板愈合或骨质棘突众多而独成一支。

鲉形目鱼类的体形一般较小，体长平均为30厘米，大多营底栖生活。少数种类，如毒鲉、蓑鲉，已经进化出毒棘作为自卫手段。毒棘的基部带有毒腺，可以分泌毒汁，通过针状的鳍棘注射进对方体内，给捕食者造成致命伤害。

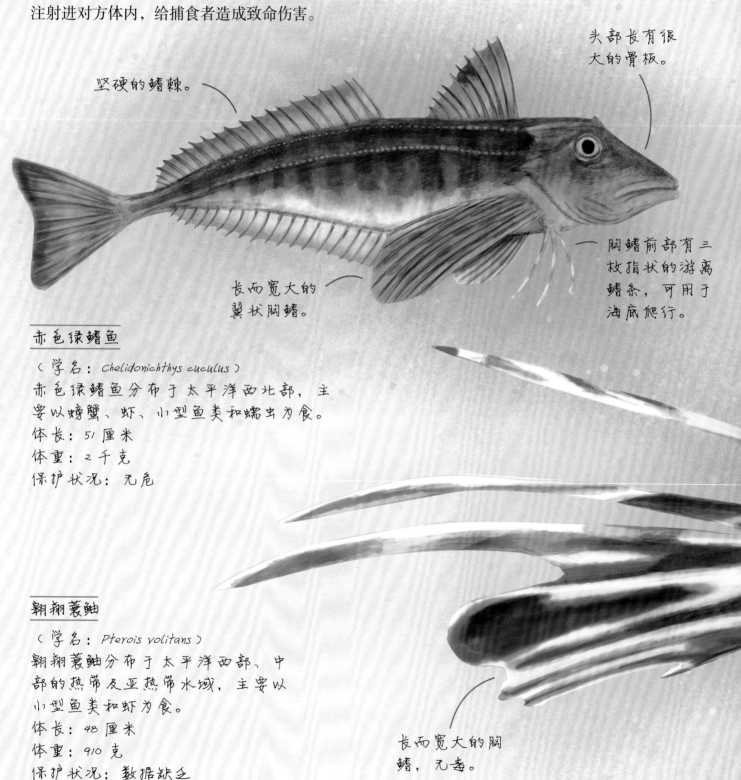

坚硬的鳍棘。

头部长有很大的骨板。

胸鳍前部有三枚指状的游离鳍条，可用于海底爬行。

长而宽大的翼状胸鳍。

赤色绿鳍鱼

（学名：*Chelidonichthys cuculus*）
赤色绿鳍鱼分布于太平洋西北部，主要以螃蟹、虾、小型鱼类和蠕虫为食。
体长：51厘米
体重：2千克
保护状况：无危

翱翔蓑鲉

（学名：*Pterois volitans*）
翱翔蓑鲉分布于太平洋西部、中部的热带及亚热带水域，主要以小型鱼类和虾为食。
体长：48厘米
体重：910克
保护状况：数据缺乏

长而宽大的胸鳍，无毒。

前部的背鳍棘坚硬
而锐利，且有毒。

尾鳍和尾鳍前
的背鳍棘无毒。

用于引诱猎物
的眼眶下触须。

附属物起到了伪装的
作用，保护其免受捕
食者的伤害。

腹鳍的鳍棘
有毒。

颌针鱼目（飞鱼、马步鱼、颌针鱼）

颌针鱼目的种类约有三百余种，大多为中小型鱼类，它们的身体呈流线型，眼睛大，背鳍位于身体后侧。其中飞鱼科（Exocoetidae）的种类胸鳍扩大成翼状，能够跃出水面，在空中滑翔以躲避捕食者。

翼髭须唇飞鱼

（学名：*Cheilopogon pinnatibarbatus*）
翼髭须唇飞鱼分布于太平洋热带和亚热带水域，以浮游生物为食。
体长：38 厘米
体重：590 克
保护状况：无危

巨大的胸鳍就像翅膀一样使它们可以在空中滑翔。

飞鱼的时速可达 56 千米以上。

尾鳍下叶较长。

流线型的身体。

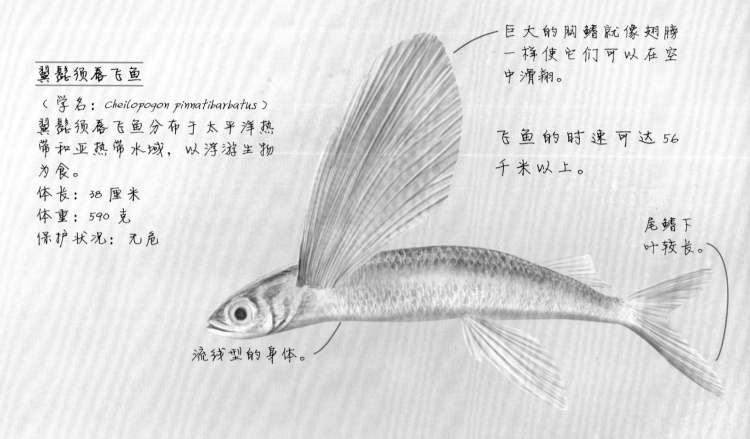

下颌较长。

米氏下鱵鱼

（学名：*Hyporhamphus meeki*）
米氏下鱵鱼分布于大西洋西部的热带及亚热带水域，以藻类、海洋植物、浮游生物和小型鱼类为食。
体长：17.8 厘米
体重：150 克
保护状况：无危

大西洋柱颌针鱼

（学名：*Strongylura marina*）
大西洋柱颌针鱼分布于大西洋西部的热带及亚热带水域，以包括虾在内的甲壳类动物和小型鱼类为食。
体长：1 米
体重：2.3 千克
保护状况：无危

大眼睛。

细长的体形。

细长的颌骨上长有细而窄的牙齿，用于捕捉猎物。

海龙亚目（海马、海龙）

　　海龙亚目最明显的特征是吻部较长，吻端为一很小的口，它们大多生活在海藻的内部和周围，利用海藻来躲避捕食者。大多数种类体形较小，包括海马、海龙、烟管鱼和管口鱼等。海龙亚目全球约有两百余种，分布于温带至热带海域。

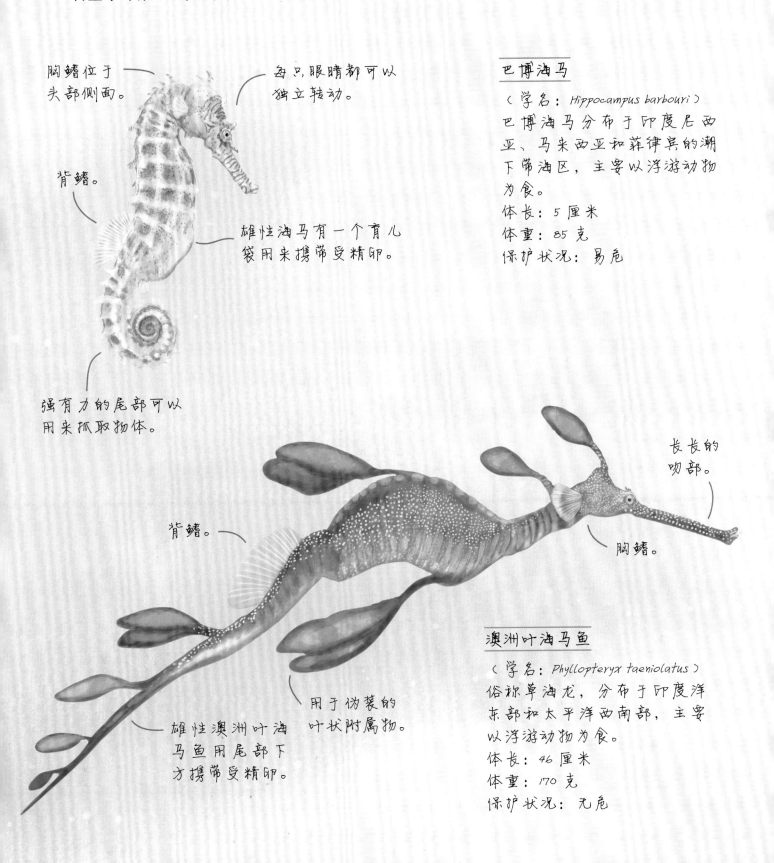

胸鳍位于头部侧面。

每只眼睛都可以独立转动。

背鳍。

雄性海马有一个育儿袋用来携带受精卵。

强有力的尾部可以用来抓取物体。

巴博海马

（学名：*Hippocampus barbouri*）
巴博海马分布于印度尼西亚、马来西亚和菲律宾的潮下带海区，主要以浮游动物为食。
体长：5 厘米
体重：85 克
保护状况：易危

背鳍。

长长的吻部。

胸鳍。

雄性澳洲叶海马鱼用尾部下方携带受精卵。

用于伪装的叶状附属物。

澳洲叶海马鱼

（学名：*Phyllopteryx taeniolatus*）
俗称草海龙，分布于印度洋东部和太平洋西南部，主要以浮游动物为食。
体长：46 厘米
体重：170 克
保护状况：无危

鮟鱇目（鮟鱇）

　　鮟鱇目种类大部分在深海营底栖生活，在无光黑暗的环境中，它们会用一种独特的方式捕猎。它们利用细长的第一游离背鳍棘末端扩大成的会发光的"赘肉"引诱猎物靠近，然后将其吞食，故有"海底渔夫"之称。

　　鮟鱇目的种类约有三百余种。

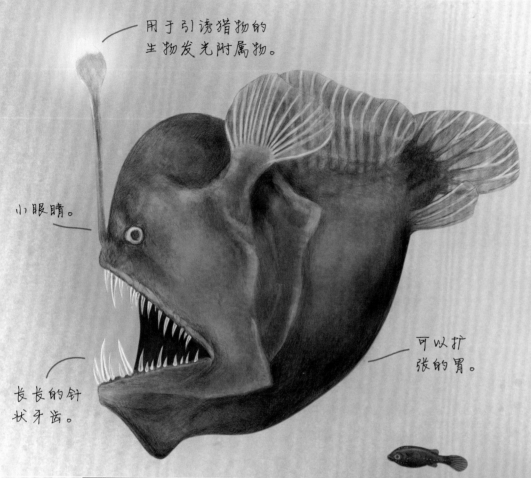

用于引诱猎物的生物发光附属物。

小眼睛。

长长的针状牙齿。

可以扩张的胃。

雌性约氏黑角鮟鱇

雄性约氏黑角鮟鱇

约氏黑角鮟鱇

（学名：*Melanocetus johnsonii*）

约氏黑角鮟鱇分布于世界各地 4500 米深处的海洋中，它们能够以接近自身大小的鱼类为食。

体长：17.5 厘米（雌性）
　　　2.5 厘米（雄性）

保护状况：无危

雄性约氏黑角鮟鱇的体形比雌性小得多。

邵氏蟾鮟鱇

（学名：*Bufoceratias shaoi*）

邵氏蟾鮟鱇分布于西太平洋和印度洋 1200 米深处，它没有通俗名称，人类对这个种类知之甚少。它们主要以鱼类和鱿鱼为食。

体长：10 厘米

保护状况：数据缺乏

毛发状发光拟饵体。

下颌上的牙齿更大。

身体呈球形。

雌性邵氏蟾鮟鱇

囊鳃鳗目（宽咽鱼）

囊鳃鳗目是生活在水深3000米处的一小群体形奇特的鱼类，共有二十八种。外形大多"虎头蛇尾"，且口裂奇大，超过整个头长，由于缺少"续骨"，下颌能像蛇一样最大限度地张开，轻松吞下接近自身大小的猎物。囊鳃鳗目鱼类的牙齿相对口而言非常小，皮肤光滑无鳞，背鳍基和臀鳍基很长，可以在捕猎时保持身体的平衡。

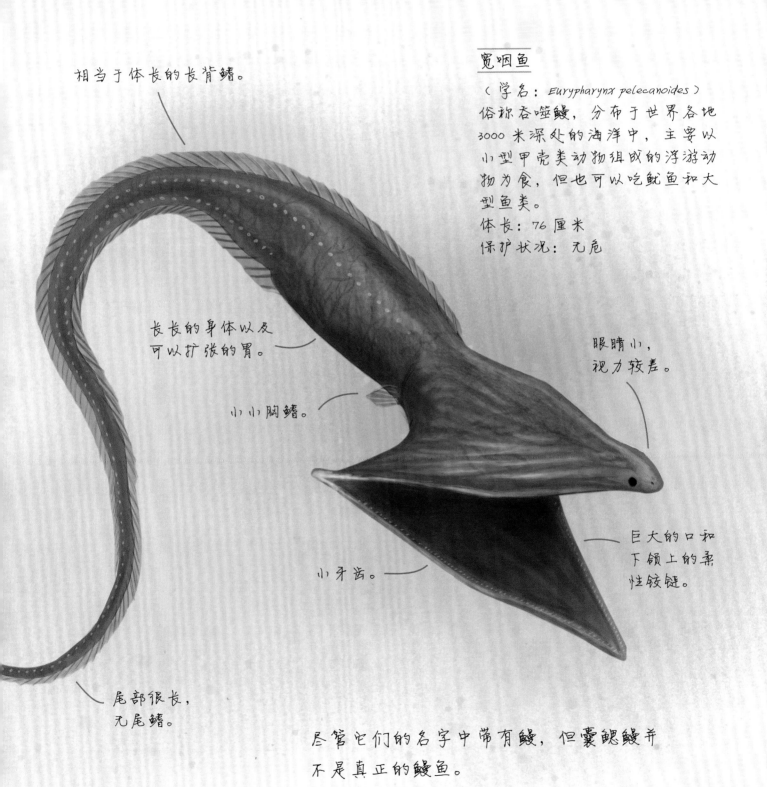

相当于体长的长背鳍。

长长的身体以及可以扩张的胃。

小小胸鳍。

小牙齿。

尾部很长，无尾鳍。

宽咽鱼

（学名：*Eurypharynx pelecanoides*）
俗称吞噬鳗，分布于世界各地3000米深处的海洋中，主要以小型甲壳类动物组成的浮游动物为食，但也可以吃鱿鱼和大型鱼类。
体长：76厘米
保护状况：无危

眼睛小，视力较差。

巨大的口和下颌上的柔性铰链。

尽管它们的名字中带有鳗，但囊鳃鳗并不是真正的鳗鱼。

鲈形目

鲈形目是地球上脊椎动物中最大的目，种类数量多达一万余种，占硬骨鱼总纲所有鱼类的41%，其中大部分为海洋鱼类。

鲈形目鱼类是一个进化非常成功的族群，它们的体形、食性、栖息地各不相同，生活在从海岸线至深海的所有海洋区域。很多广受欢迎的水族馆鱼类，如双锯鱼（小丑鱼）、蝴蝶鱼都属于鲈形目，另外，金枪鱼、旗鱼和石斑鱼也是鲈形目的一员。

金属蓝绿色条纹，腹部为银色。

小鳍。

狭窄的流线型身体。

大西洋鲭

（学名：Scomber scombrus）
大西洋鲭分布于黑海、地中海和大西洋北部的温带水域，幼鱼以浮游生物为食，而成年鲭鱼则以包括幼体鲭鱼在内的几种小型鱼类为食。
体长：61厘米
体重：3.2千克
保护状况：无危

眼带石斑鱼

（学名：Epinephelus striatus）
眼带石斑鱼分布于大西洋西部的热带珊瑚礁周围，主要以各种小型鱼类、螃蟹和龙虾为食。
体长：1.2米
体重：23千克
保护状况：濒危

眼带石斑鱼可以迅速改变身体颜色以躲避捕食者。

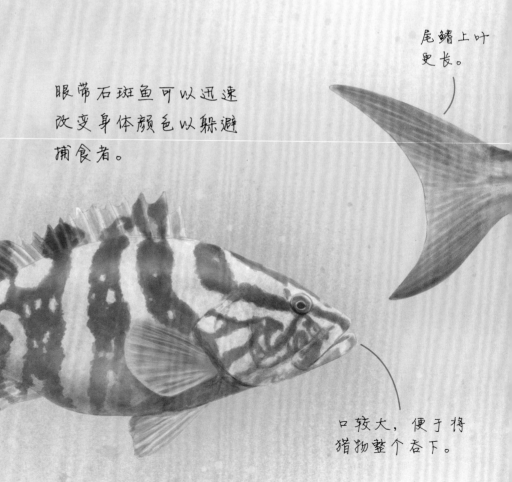

尾鳍上叶更长。

第一和第二背鳍连在一起。

口较大，便于将猎物整个吞下。

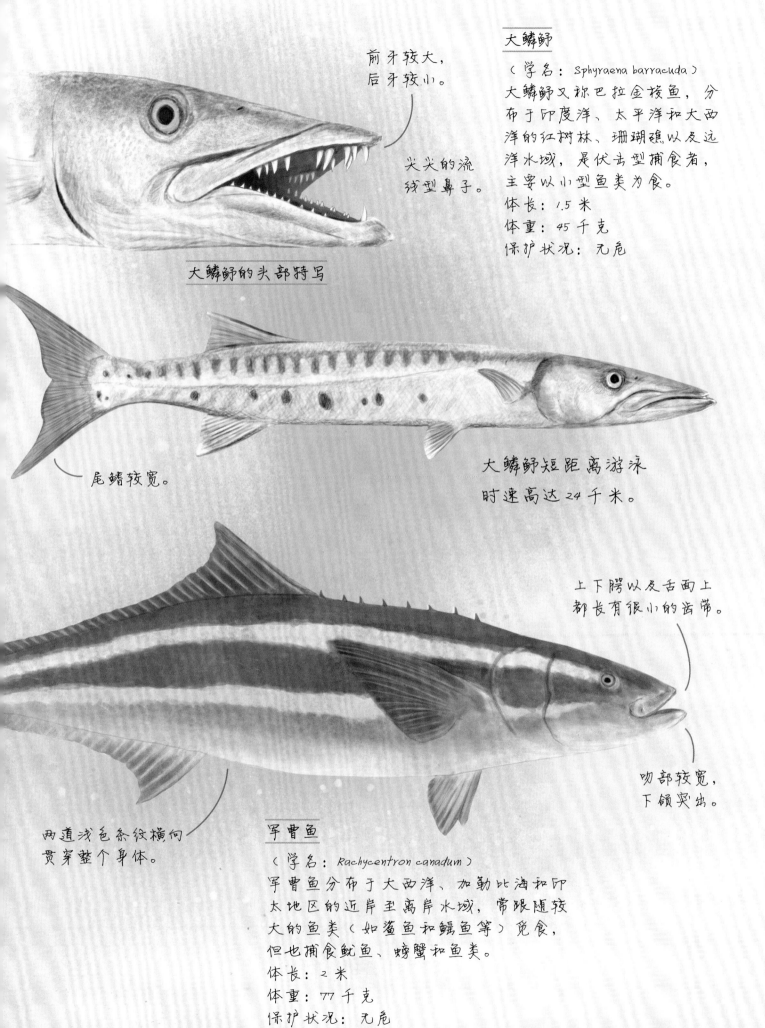

前牙较大，
后牙较小。

尖尖的流
线型鼻子。

大鳞鲆的头部特写

大鳞鲆
（学名：Sphyraena barracuda）
大鳞鲆又称巴拉金梭鱼，分
布于印度洋、太平洋和大西
洋的红树林、珊瑚礁以及远
洋水域，是伏击型捕食者，
主要以小型鱼类为食。
体长：1.5 米
体重：45 千克
保护状况：无危

尾鳍较宽。

大鳞鲆短距离游泳
时速高达 24 千米。

上下腭以及舌面上
都长有很小的齿带。

吻部较宽，
下颌突出。

两道浅色条纹横向
贯穿整个身体。

军曹鱼
（学名：Rachycentron canadum）
军曹鱼分布于大西洋、加勒比海和印
太地区的近岸至离岸水域，常跟随较
大的鱼类（如鲨鱼和鳐鱼等）觅食，
但也捕食鱿鱼、螃蟹和鱼类。
体长：2 米
体重：77 千克
保护状况：无危

鲈形目（接上页）

在巨大的新月形尾部的推动下，蓝枪鱼的时速可达80千米。

粗壮的身体。

尾鳍基部有两条侧突。

蓝枪鱼雌性比雄性至少大四倍。

小吻四鳍旗鱼

（学名：*Tetrapturus angustirostris*）
小吻四鳍旗鱼分布于太平洋和印度洋，以鱼类和鱿鱼为食。
体长：2.3米
体重：52千克
保护状况：数据缺乏

长而尖的尾叶。

长长的背鳍，长度为体长的三分之二。

细长的腹鳍。

上颌略长于下颌。

背鳍很高，并且
向后延伸超过了
身体中部。

尖嘴鱼（Billfish）是十二种包括枪鱼
（spearfish）、旗鱼（sailfish）和剑鱼（swordfish）
在内的远洋鱼类或开阔海域鱼类的总
称，它们都有一个突出上颌形成的长
长吻部。

吻部常常用
来猛击鱼群，
使它们丧失
行动能力。

蓝枪鱼
（学名：Makaira nigricans）
蓝枪鱼分布于大西洋的热带和温
带水域，主要以金枪鱼、鲭鱼和
鱿鱼为食。
体长：5米
体重：726千克
保护状况：易危

胸鳍
较大。

腹鳍小而细长。

尖嘴鱼中背鳍
最大的一种。

吻部微微
向上翘。

长长的腹鳍。

大西洋旗鱼
（学名：Istiophorus albicans）
大西洋旗鱼分布于大西洋的热带
及温带水域，以包括沙丁鱼在内
的群居性鱼类为食。
体长：3米
体重：59千克
保护状况：数据缺乏

95

鲈形目（接上页）

剑鱼

（学名：*Xiphias gladius*）
剑鱼广布于大西洋、印度洋和太平洋的远洋海域，以中小型鱼类和甲壳类动物为食。
体长：4.3米
体重：635千克
保护状况：无危

非常小的第二背鳍。

尾鳍基部有一条侧突。

巨大的臀鳍。

鲯鳅

（学名：*Coryphaena hippurus*）
鲯鳅又称海豚鱼（也称 dorado），分布于世界各地的热带及亚热带海域，以鲭鱼、飞鱼、螃蟹和鱿鱼为食。
体长：1.4米
体重：18千克
保护状况：无危

又高又长的背鳍横向贯穿整个身体。

雄性鲯鳅头部呈明显的方形，身体也比雌性大一些。

长而纤细的尾鳍。

雄性鲯鳅

雌性鲯鳅

长长的腹鳍。

高高的脊
状背鳍。

大眼睛。

长而扁平的吻部十分尖锐，
长度超过了躯干长的一半。

成年剑鱼没有牙齿。

大大的胸鳍。

黄鳍金枪鱼的游泳
时速可达80千米。

背鳍和腹鳍后
缘有一排小鳍。

新月形尾鳍。

第二背鳍（上）
和臀鳍（左）比
其他种类的金枪
鱼长得多。

黄鳍金枪鱼

（学名：*Thunnus albacares*）
黄鳍金枪鱼分布于世界各
地的热带及亚热带海域，
以小型群居性鱼类（如鲭
鱼、飞鱼）、螃蟹和鱿鱼
为食。
体长：2.1米
体重：172千克
保护状况：近危

喙形口。

又长又尖的
胸鳍。

鲈形目（接上页）

雀鲷科（雀鲷、双锯鱼）

　　雀鲷科由三百八十多种小型热带鱼组成，它们大多生活在珊瑚礁的内部和周围，包括许多水族馆里常见的鱼类。雀鲷科鱼类都有高而扁平且细长的身体，适于在珊瑚礁内的狭小空间中生活。雀鲷科可分为雀鲷和双锯鱼两大类。其中双锯鱼大约有三十种，它们通常被称为小丑鱼。它们和海葵是互利共生的关系，双锯鱼在海葵带刺的腕中筑巢生活，可以免受捕食者的伤害，而海葵也会因此得到好处，双锯鱼可以帮助它们清理寄生虫。雀鲷因其强烈的领地意识而闻名，它们会为了保卫自己的领地而奋起抵抗比自己大几倍的入侵者。

眼斑双锯鱼

（学名：*Amphiprion ocellaris*）
眼斑双锯鱼又称公子小丑鱼，分布于印度洋、太平洋西部和整个东南亚地区，以浮游动物和藻类为食。
体长：11厘米
保护状况：无危

身体上覆盖着一层主要成分为糖的黏液涂层，可防止海葵的捕食。

眼斑双锯鱼身上常有独特的橙色、黑色和白色条纹。

大眼睛。

圆头。

四条宽度相当的黑色条纹。

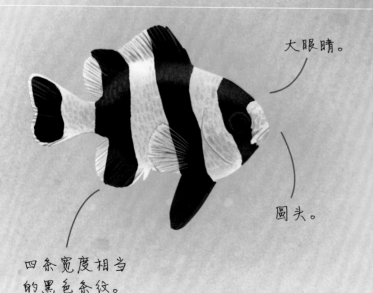

黑尾宅泥鱼

（学名：*Dascyllus melanurus*）
黑尾宅泥鱼分布于菲律宾和澳大利亚北部的印太地区，主要以包括幼虾和桡足类动物在内的浮游动物为食。
体长：9厘米
保护状况：数据缺乏

背部呈亮蓝色。

腹部为金黄色。

金腹雀鲷

（学名：*Pomacentrus auriventris*）
金腹雀鲷又称蓝天堂，分布于
太平洋中西部和印度洋东部珊
瑚礁周围的温暖水域，主要以
浮游动物、藻类为食。
体长：7厘米
保护状况：数据缺乏

覆盖在背部的黄色条纹。

岩豆娘鱼

（学名：*Abudefduf saxatilis*）
岩豆娘鱼分布于大西洋西部的温
带海域，以浮游动物、藻类和小
型鱼类为食。
体长：23厘米
保护状况：无危

岩豆娘鱼又名"大西洋军士
长（Sergeant major）"，得名自
美国军方军士长佩戴的黑黄
条纹军衔标志。

鲈形目（接上页）

刺尾鱼科（刺尾鱼、鼻鱼）

　　刺尾鱼科由包括各种刺尾鱼、鼻鱼在内的八十六种热带鱼类组成，这类鱼的尾柄上或多或少都有坚硬的骨板，在受到攻击时可以有效地自卫。鼻鱼是刺尾鱼科鱼类中最大的个体，以头部带有的角状凸起而闻名。

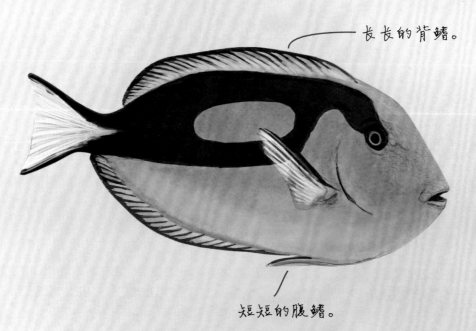

长长的背鳍。

短短的腹鳍。

黄尾副刺尾鱼

（学名：*Paracanthurus hepatus*）
黄尾副刺尾鱼又称拟刺尾鲷或蓝倒吊，广布于从印度尼西亚到澳大利亚北部的太平洋即太地区的珊瑚礁内，以浮游动物和藻类为食。
体长：30 厘米
保护状况：无危

突角鼻鱼

（学名：*Naso annulatus*）
突角鼻鱼分布于太平洋印太地区，它们仅以浮游动物为食。
体长：100 厘米
保护状况：无危

尾鳍高大，
上下叶相当。

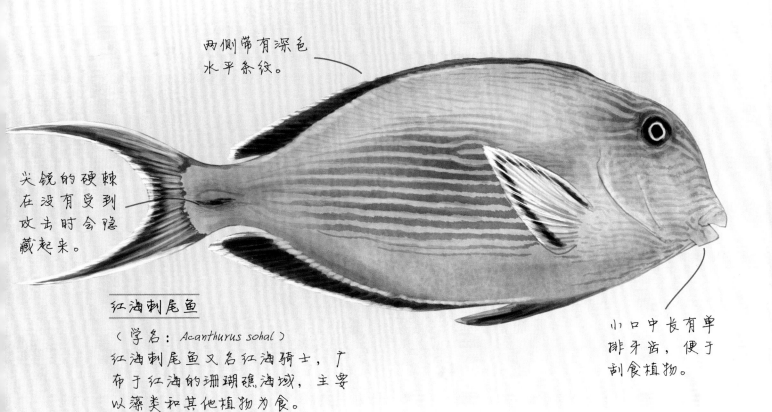

两侧带有深色
水平条纹。

尖锐的硬棘
在没有受到
攻击时会隐
藏起来。

小口中长有单
排牙齿，便于
刮食植物。

红海刺尾鱼

（学名：*Acanthurus sohal*）
红海刺尾鱼又名红海骑士，广
布于红海的珊瑚礁海域，主要
以藻类和其他植物为食。
体长：41 厘米
保护状况：无危

心斑刺尾鱼

（学名：*Acanthurus achilles*）
心斑刺尾鱼又名鸡心吊，分布于从澳大
利亚至夏威夷岛的太平洋西南部珊瑚礁
海域，它们以海底的藻类为食。
体长：25 厘米
保护状况：无危

身体呈深蓝色，
带有橙色图案。

鼻部呈长角状突出。

小口。

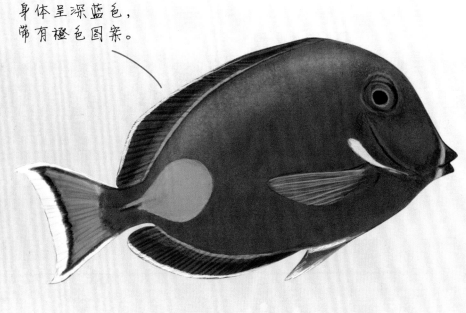

鲈形目（接上页）

蝴蝶鱼科、镰鱼科（蝴蝶鱼、马夫鱼、锯蝶鱼、角镰鱼）

蝴蝶鱼科包含了以蝴蝶鱼、马夫鱼和锯蝶鱼为代表的一百二十九种彩色热带鱼，而角镰鱼作为镰鱼科唯一的现存成员，与蝴蝶鱼科的亲缘关系非常近，它们共同栖息在整个南太平洋的珊瑚礁海域中。它们都以鲜艳的颜色和侧扁、圆盘状身体而著称。蝴蝶鱼的尾鳍附近大多都有一个眼状斑点，就像蝴蝶一样。这种斑点被认为是一种自卫机制，用来保护自己免受捕食者的伤害。

吻尖长，口小。

背鳍末端鳍条呈丝状延长，其长度甚至超过体长。

角镰鱼

（学名：*Zanclus cornutus*）
角镰鱼分布于太平洋印太地区的珊瑚中，以海绵动物、珊瑚虫和各种无脊椎动物为食。
体长：23 厘米
保护状况：无危

黄镊口鱼

（学名：*Forcipiger flavissimus*）
俗称黄火箭鱼，分布于从非洲东岸至夏威夷再至红海的太平洋热带水域，以多毛类、海胆和小型甲壳类动物为食。
体长：22 厘米
保护状况：易危

长而尖锐的背棘。

吻部细长呈管状，小口。

钻嘴鱼

（学名：*Chelmon rostratus*）

钻嘴鱼又名三间火箭，分布于印度洋和太平洋的珊瑚中，以珊瑚虫和甲壳类动物为食。

体长：20 厘米

保护状况：无危

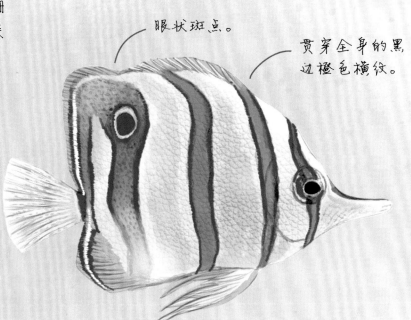

眼状斑点。

贯穿全身的黑边橙色横纹。

弧形单叶尾鳍。

黑色斜带贯穿头部和眼睛。

尾鳍基部有眼状斑。

细纹蝴蝶鱼

（学名：*Chaetodon lineolatus*）

细纹蝴蝶鱼分布于世界各地的温带海域，以小海葵、藻类和各种无脊椎动物为食。

体长：30 厘米

保护状况：无危

头足类动物

    头足类动物（Cephalopods）的英文名源自希腊语，意为"头足"，因其从头部或外套膜中直接伸出了一组腕的独特外形而得名。除鹦鹉螺以外，几乎所有的头足类动物都可以瞬间改变颜色。有些甚至可以改变形状和皮肤纹理，使自身不易被发现，正因为头足类动物没有骨骼，这种能力才得以实现。大多数头足类动物都能喷出一团墨汁来迷惑捕食者。所有头足类动物都使用一种特殊的前进方式，通过扩张外套膜将水吸入体内，再收缩肌肉，通过名为漏斗的器官将水压出，像喷气式飞机一样，通过急速喷水获得推动力，使身体向前快速游动。

目： 八腕目、鹦鹉螺目、枪形目、乌贼目、幽灵蛸目

种： 800 余种

体长范围： 从 10 毫米（短尾鱿鱼）到 13.1 米（大王乌贼）

体重范围： 从 1 克（短尾鱿鱼）到 748.4 千克（梅思乌贼）

地理分布： 世界各大洋

栖息地： 从热带浅水区到南、北极深水区

概述： 头足类动物是地球上古老的生命形式之一，距今已有 4.7 亿年的历史。与人们的普遍认知相反，章鱼没有腕，而枪乌贼、乌贼和鹦鹉螺有腕。头足类动物，尤其是章鱼被认为是所有无脊椎动物中最聪明的。

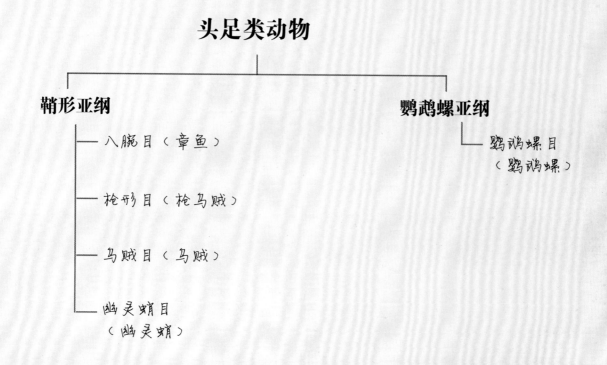

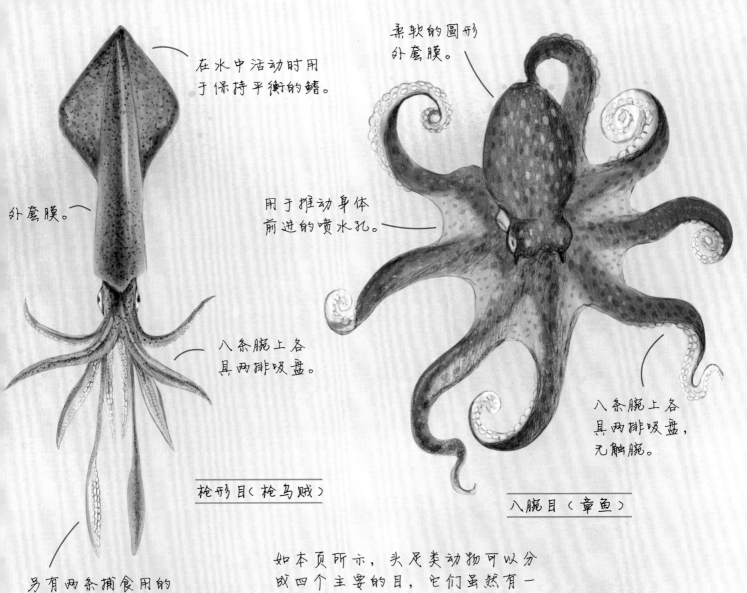

在水中活动时用
于保持平衡的鳍。

外套膜。

八条腕上各
具两排吸盘。

枪形目（枪乌贼）

另有两条捕食用的
腕，特称触腕，触
腕的末端膨大，称
触腕穗，触腕穗上
有吸盘。

柔软的圆形
外套膜。

用于推动身体
前进的喷水孔。

八条腕上各
具两排吸盘，
无触腕。

八腕目（章鱼）

如本页所示，头足类动物可以分
成四个主要的目，它们虽然有一
些共同点，但每个目都有自己的
独特特征。

"壳盖"专业术
语称"帽状物"。

超过九十条不带吸盘的
腕（特指雌性，雄性个
体一般为六十条左右）。

外壳。

鹦鹉螺目（鹦鹉螺）

用于推动身体
前进的体管。

环绕在整
个外套膜
周围的鳍。

八条短腕各
具一排吸盘。

两条末端膨
大的触腕。

乌贼目（乌贼）

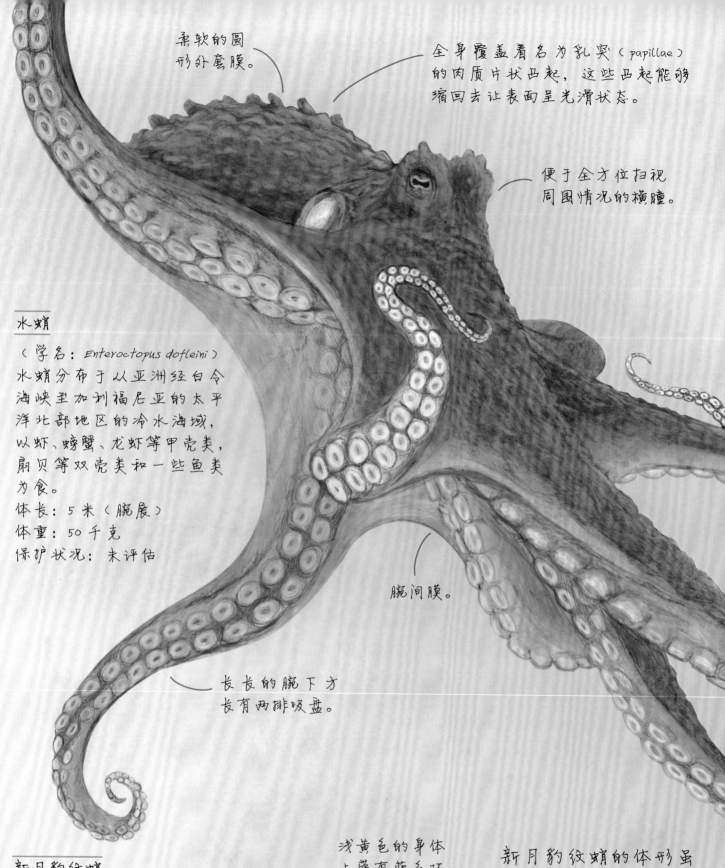

柔软的圆形外套膜。

全身覆盖看名为乳突（papillae）的肉质片状凸起，这些凸起能够缩回去让表面呈光滑状态。

便于全方位扫视周围情况的横瞳。

水蛸

（学名：*Enteroctopus dofleini*）
水蛸分布于从亚洲经白令海峡至加利福尼亚的太平洋北部地区的冷水海域，以虾、螃蟹、龙虾等甲壳类，扇贝等双壳类和一些鱼类为食。
体长：5米（腕展）
体重：50千克
保护状况：未评估

腕间膜。

长长的腕下方长有两排吸盘。

新月豹纹蛸

（学名：*Hapalochlaena lunulata*）
新月豹纹蛸广泛分布于印度—西太平洋的热带和亚热带海域，它们主要以甲壳类动物和小型鱼类为食。
体长：10厘米（腕展）
体重：79克
保护状况：未评估

浅黄色的身体上带有蓝色环状条纹。

新月豹纹蛸的体形虽然很小，但它携带的剧毒可以杀死二十多个成年人。

鞘形亚纲
八腕目（章鱼）

八腕目包含了三百种章鱼，均以其圆形的外套膜和八条可以独立活动的腕而著称，腕下方长有两排吸盘，每条腕都有独立的肌肉群，可以根据需要产生或释放吸力。这使得章鱼能够用这些腕进行一些复杂的操作，如打开贝壳和伸入裂缝中寻找食物等。章鱼可以利用位于外套膜和腕交界处的坚硬的喙将食物压碎。章鱼被认为是所有头足类动物中最聪明的，而且它们的大脑占身体的比重也是头足类动物中最高的。

拟态蛸
（学名：Thaumoctopus mimicus）
拟态蛸分布于印太地区的热带水域，仅以小型鱼类和甲壳类动物为食。
体长：61 厘米（腕展）
体重：454 克
保护状况：未评估

拟态蛸通过腕改变自身形状，依靠模拟其他动物的颜色来躲避捕食者或捕获猎物。

外套膜较小。

长而扁平的腕。

大西洋白点柔蛸
（学名：callistoctopus macropus）
大西洋白点柔蛸分布于大西洋、太平洋以及加勒比海和地中海的温带、热带海域，以栖息在珊瑚中的小型鱼类和无脊椎动物为食。
体长：150 厘米（腕展）
体重：1.4 千克
保护状况：未评估

身体通常呈红橙色并带有白色斑点。

枪形目（枪乌贼）

　　枪形目由三百多种枪乌贼组成，它们都有一个独特而巨大的外套膜，末端长有两个肉鳍，有八条腕和两条长一些的触腕。只有枪乌贼和乌贼才有触腕，在不捕猎的时候，触腕通常会缩回到其他腕之间。所有枪形目动物的皮肤表面都覆盖着微小的色素细胞，在这些细胞的作用下枪乌贼可以迅速改变身体颜色，用以躲避捕食者或互相交流。枪形目中包含了头足类动物中最大的种类，它们是长达13.1米的大王乌贼以及重达748.4千克的梅思乌贼。

大王乌贼

（学名：*Architeuthis dux*）
大王乌贼广布于世界各大洋的
100～300米水深处，以深海鱼
类以及其他种类的鱿鱼为食。
体长：13.1米（从触腕到外套
　　　膜末端）
体重：200千克
保护状况：无危

动物世界中的大眼睛之一，直径达25厘米。

巨大的外套膜。

漏斗。

肉鳍。

包裹着肌肉。

坚硬的角质环，边缘呈锋利的锯齿状，有助于捕获猎物。

触腕特写

触腕的吸盘特写

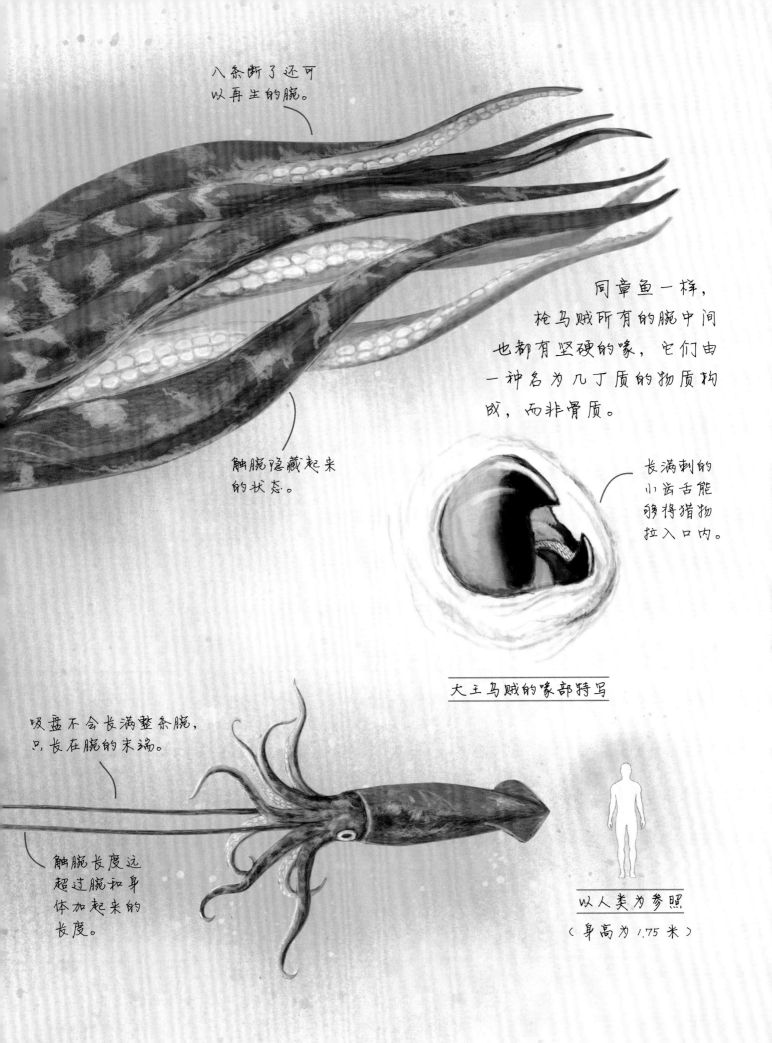

八条断了还可以再生的腕。

触腕隐藏起来的状态。

同章鱼一样，枪乌贼所有的腕中间也都有坚硬的喙，它们由一种名为几丁质的物质构成，而非骨质。

长满刺的小齿舌能够将猎物拉入口内。

大王乌贼的喙部特写

吸盘不会长满整条腕，只长在腕的末端。

触腕长度远超过腕和身体加起来的长度。

以人类为参照
（身高为 1.75 米）

梅思马贼

〈学名：*Mesonychoteuthis hamiltoni*〉
俗称大王酸浆鱿，广布于南极
洲附近的南冰洋，以鱼类以及
其他种类的鱿鱼为食。
体长：12.8 米（从触腕到外套膜
　　　　末端）
体重：748.4 千克
保护状况：无危

巨大的外套膜
占了身体的大
部分。

两条触腕隐藏
在短腕之中。

漏斗。

触腕末端膨大，排列着尖锐、
可旋转的倒钩，用来抓住猎物。

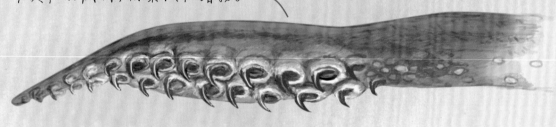

梅思马贼的触腕末端特写

可旋转的倒钩长
度可达3.8厘米。

吸盘两侧还
长有两个小
一些的倒钩。

吸盘特写

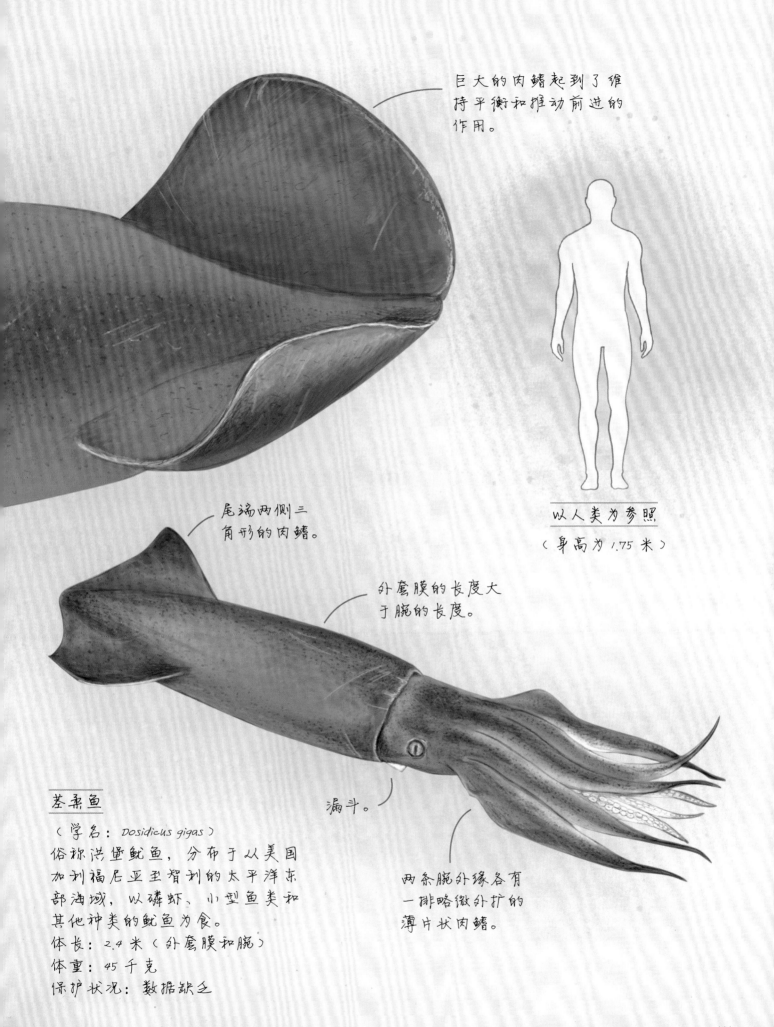

巨大的肉鳍起到了维
持平衡和推动前进的
作用。

以人类为参照

（身高为 1.75 米）

尾端两侧三
角形的肉鳍。

外套膜的长度大
于腕的长度。

茎柔鱼

（学名：*Dosidicus gigas*）
俗称洪堡鱿鱼，分布于从美国
加利福尼亚至智利的太平洋东
部海域，以磷虾、小型鱼类和
其他种类的鱿鱼为食。
体长：2.4 米（外套膜和腕）
体重：45 千克
保护状况：数据缺乏

漏斗。

两条腕外缘各有
一排略微外扩的
薄片状肉鳍。

乌贼目（乌贼）

乌贼目包含了一百二十多个种类的乌贼，它们的外形与枪乌贼很像，不同之处在于其体内有一个石灰质内壳，俗称海螵蛸，因此它们独一无二。由于内壳的存在，乌贼的外套膜呈山脊状。外套膜的边缘长着一圈肉鳍，在它的推动下乌贼几乎可以向任何方向移动。乌贼和鱿鱼的亲缘关系很近，它们的共同特征在于都有两条长长的触腕，皮肤都可以改变颜色，都有一个可以推动身体前进的漏斗。

乌贼

（学名：*Sepia officinalis*）

乌贼分布于地中海、北海以及波罗的海，它们以甲壳类动物、鱼类、小型章鱼和鱿鱼等多种动物为食。

体长：49 厘米（外套膜长度）

体重：3.6 千克

保护状况：无危

在长长的波浪状肉鳍的推动下，乌贼可以向任何方向移动。

W 形的瞳孔。

乌贼可以迅速地改变身体花纹和颜色。

漏斗。

幽灵蛸目（幽灵蛸）

幽灵蛸目只有一个物种——幽灵蛸，它是一种深海生物，与其他蛸有着许多共同的特征，它们也没有触腕，但奇特的是它们的外套膜上长有一对像枪乌贼一样的肉鳍。幽灵蛸的口环处长有两条长长的卷丝，可能与其感觉功能有关，不用时可以缩入腕间膜下特有的一个囊内。腕上的须可用于捕捉死去的浮游生物和漂浮在水中的其他有机物。

腕上排列着须。

卷丝

肉鳍。

所有腕之间通过很大的伞膜连接。

幽灵蛸

（学名：*Vampyroteuthis infernalis*）

幽灵蛸分布于温带及热带海域600～900米水深处，以水中的有机物碎屑为食。

体长：30 厘米

体重：暂无

保护状况：数据缺乏

鹦鹉螺亚纲

鹦鹉螺目（鹦鹉螺）

鹦鹉螺目成员是最原始的头足类动物，也是现存的唯一一个还保留外壳的目，该目仅有六种。鹦鹉螺的眼睛是构造简单的针孔眼，不具备自然界中大多数动物都有的晶状体。因为进入眼内的光线很少，所以在黑暗环境下它们的视力很差。鹦鹉螺的外壳内有很多充满气体的腔室，可以在水中为它们提供浮力。与其他头足类动物一样，鹦鹉螺也利用漏斗通过喷射推进的方式在水中移动。

珍珠鹦鹉螺

（学名：*Nautilus pompilius*）
珍珠鹦鹉螺分布于太平洋南部的珊瑚礁附近，平时营腐食方式，但也擅长捕食贝类及甲壳动物。
体长：20厘米（外壳直径）
体重：816克
保护状况：数据缺乏

有超过90条带有凹槽的腕，用于抓取食物。

在受到威胁时，鹦鹉螺会缩回壳内，封闭壳盖。

通过向腔室内充水或充气来为硬壳提供浮力。

像其他所有的头足类动物一样，鹦鹉螺也有一个用于进食的喙。

漏斗位于腕之间。

海洋鸟类

　　海洋鸟类不同于其他水鸟，它们为了适应咸水及其周边环境产生了特化，虽然海鸟摄取的水分大部分来自它们所食用的猎物，但是大多数海鸟也可以喝咸水。海鸟可以通过鼻窦附近的盐腺排出盐分，这在跨越大洋的长途迁徙中尤为便利。像许多鸟类一样，大多数海鸟的尾巴底部都有一个能分泌蜡质油的腺体，它们用喙将这种油脂涂抹在羽毛上从而使羽毛达到防水效果。一些种类的海鸟（如企鹅），因特化成为游泳高手而失去了飞翔的能力，游泳不仅能帮助它们捕获猎物，也能用来帮助它们躲避捕食者。

　　海鸟的生活方式、行为、体形的差异都非常大。

目：鹱形目、鸻形目、鹈形目、鲣鸟目、企鹅目、鹲形目

种：600 余种

体长范围：从 28 厘米（风暴海燕）到 3.5 米（漂泊信天翁）

体重范围：从 30 克（风暴海燕）到 45 千克（帝企鹅）

地理分布：世界各大洋

栖息地：从温暖的热带水域到寒冷的南北极水域

概述：一般而言，海鸟的生长速度要比陆地鸟类慢一些。总的来说，海鸟分布在北极圈至南极洲的世界各地。

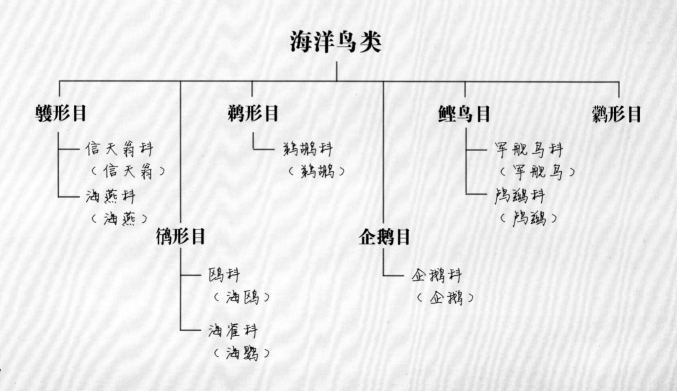

鹱形目

信天翁科（信天翁）、海燕科（海燕）

　　鹱形目由四科一百二十五种海鸟组成，它们的翼展最短为 28 厘米，最长可达 3.5 米——堪称所有鸟类之最。鹱形目鸟类非常擅长飞行，有些种类可以连续飞行 16093 千米，而无须在陆地上停留。鹱形目鸟类是高度社会化的群居动物，在繁殖期间会形成由数千只鸟组成的群落。鹱形目鸟类中的很多种类在成年后会返回它们的孵化地。

漂泊信天翁的翅膀非常适合滑
翔，它们展开翅膀保持不动
就可以滑翔数千千米。

长长的钩状喙。

白头黄喙。

趾间具蹼，
用于游泳。

信天翁的足部特写

漂泊信天翁

（学名：*Diomedea exulans*）
漂泊信天翁广布于南极洲
的南大洋，它们在夜间捕
食，以鱿鱼、甲壳类动物、
小型鱼类以及漂浮物或垃
圾为食。
翼展：3.5 米
体重：11 千克
保护状况：易危

鸻形目
鸥科（海鸥）、海雀科（海鹦）

　　鸻形目共有三百五十种鸟类，其中包括海鸥和鹬等容易识别的"滨鸟"，也包括一些比较特殊的种类，如海鹦。鸻形目鸟类遍布世界各大洲，它们大多擅长飞行，常栖息在海岸、浅水水域和沼泽地，并在那里捕食或觅食小型鱼类以及昆虫。

环嘴鸥

（学名：*Larus delawarensis*）
环嘴鸥分布于墨西哥湾沿岸以及北美洲的太平洋和大西洋海域，它们是杂食性动物，以昆虫、小型鱼类、啮齿动物为食，经常四处觅食。
翼展：124 厘米
体重：567 克
保护状况：无危

上面的羽毛为灰色，下面为白色。

喙部末端有黑色条纹。

眼睛周围有红色图案。

头部颜色更深。

 喙的颜色在繁殖季节会变得更加鲜艳，之后会变回灰色。

燕尾鸥

（学名：*Creagrus furcatus*）
燕尾鸥几乎是加拉帕戈斯群岛的特有物种（但会沿着南美洲太平洋海岸线飞行），它们是唯一一种只在夜间活动的海鸥，以海面处的鱿鱼和小型鱼类为食。
翼展：114 厘米
体重：454 克
保护状况：无危

北极海鹦

（学名：*Fratercula arctica*）
北极海鹦又名海鹦鹉，分布于大西洋北部，主要以各种玉筋鱼、鲱鱼和其他小型鱼类为食。
翼展：63 厘米
体重：499 克
保护状况：易危

身体矮壮，翅膀较短。

鹈形目

鹈鹕科（鹈鹕）

鹈形目下都是大型海鸟，它们都有长长的喙，喙下方长有喉囊，这些特征尤其适于它们捕捉鱿鱼和小型鱼类。它们的捕猎方式多种多样，包括从高空直扎入水中，或在海岸线及水面觅食。

鹈形目鸟类和其他海鸟有着明显的区别，它们有四趾且趾间具蹼，而大多数海鸟为三趾。

褐鹈鹕

（学名：*Pelecanus occidentalis*）
褐鹈鹕分布于美洲的海湾以及大西洋、太平洋沿岸地区，它们几乎仅以小型鱼类为食。
翼展：2.3 米
体重：5 千克
保护状况：无危

眼睛朝向前方。

鹈鹕在休息或飞行时会将颈部折叠在头部下方。

突出的长喙，末端呈钩状，便于捕捉鱼类。

四趾间具蹼。

在繁殖期，美洲白鹈鹕会长出一个扁平的角状物，繁殖期后脱落。

美洲鹈鹕

（学名：*Pelecanus erythrorhynchos*）
美洲鹈鹕分布于美洲的沿海及内陆水域，它们通常漂浮在水面上觅食鱼类。
翼展：3 米
体重：9 千克
保护状况：无危

鲣鸟目

军舰鸟科（军舰鸟）、鸬鹚科（鸬鹚）

　　鲣鸟目主要有军舰鸟科（军舰鸟）、鲣鸟科（塘鹅和鲣鸟）、鸬鹚科（鸬鹚）、蛇鹈科（蛇鹈和冲鹈）四科。鲣鸟目鸟类都是捕鱼能手，个别种类（如丽色军舰鸟）还会在空中抢夺其他鸟类捕获的猎物。

丽色军舰鸟

（学名：*Fregata magnificens*）
丽色军舰鸟分布于从墨西哥北部至厄瓜多尔的太平洋沿岸，以及从佛罗里达至巴西的大西洋沿岸的美洲热带、亚热带海域，它们以海面处的鱼类为食，因偷抢其他鸟类的猎物而闻名。
翼展：2.4米
体重：1.8千克
保护状况：无危

长长的翅膀，棱角分明。

羽毛大部分为黑色或深色。

长而狭窄的喙，末端呈钩状。

尾羽分叉。

军舰鸟经常骚扰其他海鸟，偷取它们的猎物。

在繁殖期，雄性军舰鸟会膨胀它们的喉囊用来吸引配偶。

繁殖期的军舰鸟的头部特写

普通鸬鹚

（学名：*Phalacrocorax carbo*）

普通鸬鹚分布于从美洲至欧洲的斯堪的纳维亚半岛、亚洲以及非洲南部的沿海水域，它们潜水捕食小型鱼类、蛇以及鳗鱼。

翼展：1.5 米
体重：5.4 千克
保护状况：无危

带钩的喙。

为了便于在水下行动，鸬鹚的羽毛比大多数水生鸟类的防水性差，因此它们从水中离开后需要张开翅膀晾干身体。

宽阔的翅膀。

四趾，趾间具蹼。

翅膀较小，适合游泳而非飞行。

弱翅鸬鹚张开翅膀来降低身体的温度。

弱翅鸬鹚

（学名：*Phalacrocorax harrisi*）

弱翅鸬鹚仅分布于加拉帕戈斯群岛，它们以小型鱼类、章鱼和鱿鱼为食。

体长：1 米
体重：5.4 千克
保护状况：易危

企鹅目
企鹅科（企鹅）

　　所有海鸟中最别具一格的就是企鹅目动物，它们的独特体形适于游泳。背部为黑色，腹部为白色，这使得它们在水中时很难被发觉。不论猎物还是捕食者都难以将它们与周围环境区分开来。企鹅生活在陆地上和海洋中的时间大致相等，除了加岛企鹅生活于赤道附近的加拉帕戈斯群岛外，其余企鹅均分布在南半球。

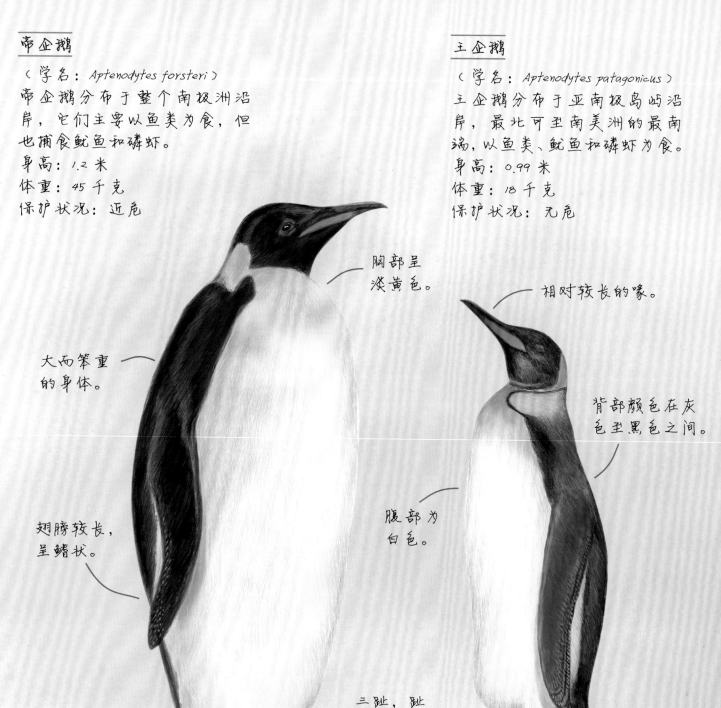

帝企鹅

（学名：Aptenodytes forsteri）
帝企鹅分布于整个南极洲沿岸，它们主要以鱼类为食，但也捕食鱿鱼和磷虾。
身高：1.2米
体重：45千克
保护状况：近危

王企鹅

（学名：Aptenodytes patagonicus）
王企鹅分布于亚南极岛屿沿岸，最北可至南美洲的最南端，以鱼类、鱿鱼和磷虾为食。
身高：0.99米
体重：18千克
保护状况：无危

胸部呈淡黄色。

相对较长的喙。

大而笨重的身体。

背部颜色在灰色至黑色之间。

翅膀较长，呈鳍状。

腹部为白色。

三趾，趾间具蹼。

白眉企鹅

（学名：*Pygoscelis papua*）
俗称巴布亚企鹅，分布
于南极洲沿岸地区以及
亚南极岛屿上，它们以
鱼类、磷虾和鱿鱼为食。
身高：90 厘米
体重：9 千克
保护状况：无危

趾间的蹼具有类
似桨的功能。

在水下时，依靠翅
膀推动身体前进。

眼周有白色斑点。

就像其他鸟类在空中自
由翱翔一样，企鹅可以
在水下灵活地游动。

南极企鹅

（学名：*Pygoscelis antarcticus*）
又称帽带企鹅、纹颊企鹅，
分布于南极洲周围的亚南极
岛屿沿岸地区，主要以鱼类
为食，但也吃鱿鱼和磷虾。
身高：71 厘米
体重：5 千克
保护状况：无危

北跳岩企鹅

（学名：*Eudyptes moseleyi*）
北跳岩企鹅分布于太平
洋和大西洋南部的亚南
极岛屿沿岸地区，以小型
鱼类、鱿鱼和磷虾为食。
身高：51 厘米
体重：3 千克
保护状况：濒危

加岛企鹅

（学名：*Spheniscus mendiculus*）
加岛企鹅分布于厄瓜多尔
海岸附近的加拉帕戈斯群
岛，以小型鱼类为食。
身高：48 厘米
体重：2.5 千克
保护状况：濒危

颈部带有一
圈细长的黑
色条纹。

独特的黄
色冠羽。

眼睛和喙
为红色。

颈周带有从一
侧眼睛延伸到
另一侧眼睛的
环形图案。

体形较小，
翅膀较宽。

强有力
的腿。

短尾。

海洋爬行动物

海洋爬行动物曾统治海洋长达数百万年，然而大约在 6500 万年前，随着恐龙的灭绝而结束统治。海洋爬行动物从原来约一万两千种，减少到现在的不足一百种。与陆地爬行动物非常相似，海洋爬行动物大多仍需上岸产卵或休息。所有的爬行动物都是冷血动物，也就是说它们不能调节自己的体温，因此，它们需要太阳等外部能源来温暖身体。现存的海洋爬行动物种类包括一种鳄鱼、七种海龟、一种鬣蜥和大约六十二种海蛇，它们都已经适应海洋环境并在其中繁衍生息。

目： 有鳞目、鳄目、龟鳖目

种： 约 100 种

体长范围： 从 25 厘米（海鬣蜥）到 5.5 米（湾鳄）

体重范围： 从 0.8 千克（蓝环海蛇）到 907 千克（湾鳄）

地理分布： 世界各大洋

栖息地： 从温暖的沿海热带水域到远洋海域

概述： 海洋爬行动物曾在史前时期统治海洋，现在却仅占所有爬行动物种类的十分之一。湾鳄是现存最大的爬行动物。海鬣蜥是已知的唯一一种适应海洋环境的蜥蜴。

海洋爬行动物

有鳞目
- 美洲鬣蜥科（海鬣蜥）
- 眼镜蛇科（海蛇）

鳄目
- 鳄科（湾鳄）

龟鳖目
- 海龟总科（海龟）

长长的尾巴，其长度与躯干（头和身体）长度相当。

有鳞目
美洲海鬣蜥科（海鬣蜥）、眼镜蛇科（海蛇）

    有鳞目是迄今为止最大的爬行动物目，由一万多种爬行动物组成，它也是仅次于鲈形目（硬骨鱼）的脊椎动物第二大目。有鳞目指的是包括蛇和蜥蜴在内的所有有鳞爬行动物。海洋有鳞目动物共有六十三种。它们为了适应海洋生活产生了特化，其中包括专门用来将盐分排出体外的腺体，以及辅助游泳的长而扁平的尾巴。

沿着头部、背部和尾巴长着一排棘刺。

尾巴在水下时会左右摇摆。

嘴唇厚而坚硬，可以帮助海鬣蜥从大海中的岩石上刮食藻类。

游泳时腿会贴在身体两侧。

颈部粗壮有力。

海鬣蜥

（学名：*Amblyrhynchus cristatus*）
海鬣蜥又称加拉帕戈斯海鬣蜥，仅分布于厄瓜多尔海岸附近加拉帕戈斯群岛的海岸线上，几乎只以水底的海藻为食。
体长：48 厘米（头和身体）
体重：12 千克
保护状况：易危

海鬣蜥的头部特写

在海底进食时，长长的爪子可以将海鬣蜥固定在岩石上。

美洲鬣蜥科、眼镜蛇科（接上页）

扁平的尾巴在水中
起到了桨的作用。

黄腹海蛇的尾部特写

黄腹海蛇

（学名：*Hydrophis platura*）
黄腹海蛇分布于整个印太地区的热
带海域，以及从墨西哥北部至秘鲁
的太平洋沿岸地区，只以鱼类为食。
它们在下雨时会到海面获取所需的
淡水。
体长：89 厘米
体重：544 克
保护状况：无危

头部较长，
鼻孔上长有
可开合的瓣
膜，防止水
进入体内。

黄腹海蛇的头部特写

鲜艳的黄色以
及黑色图案。

覆盖着不重
叠的鳞片。

所有的海蛇都能通过毒牙射出含
有剧毒的毒素来麻痹猎物。

鳄目

鳄科（湾鳄）

　　鳄鱼是大型半水栖肉食性爬行动物，共有二十三种，大多数生活在淡水或半咸水的海岸线
附近，包含三个科：短吻鳄科（短吻鳄、凯门鳄）、鳄科（鳄鱼）和长吻鳄科（恒河鳄）。其
中只有一种是海洋动物——湾鳄，它也是现存最大的爬行动物，体长可达6米。湾鳄被认为是
一种具有攻击性的物种，并作为顶级捕食者主宰着它们的领地。

身体顶部覆盖着名
为鳞甲的鳞状凸起。

长而有力的尾巴用于
在水下推动身体前进。

灰蓝扁尾海蛇

（学名：*Laticauda colubrina*）

灰蓝扁尾海蛇又名黄唇海蛇，广泛分布于印度洋和太平洋西部，它们以多种鳗鱼和一些小型鱼类为食。

体长：1.4 米
体重：1.4 千克
保护状况：无危

灰蓝扁尾海蛇的头部特写

较宽的圆头。

海蛇的舌头下方有一个用来排出盐分的腺体。

扁平的尾巴。

长长的圆柱形身体。

湾鳄

（学名：*crocodylus porosus*）

湾鳄分布于从印度经南亚至澳大利亚北部的沿海地区，它们猎食鱼类、鸟类、鹿、野猪、海龟等多种动物。

体长：6 米（头和尾巴）
体重：998 千克
保护状况：无危

1.646 万牛顿的咬合力。

口中长有瓣膜能够防止潜入水中时水进入体内。

耳朵瓣膜能够防止水进入体内。

湾鳄的头部特写

用来捕捉猎物的 64 ～ 68 颗锥形牙齿。

脚上带蹼。

龟鳖目
海龟总科（海龟）

    龟鳖目是爬行动物的一个目，由海龟、淡水龟和陆龟共三百多个种类组成，它们都以覆盖在背上的独特外壳而闻名。龟鳖目动物的外壳主要用来保护自己免受捕食者的伤害。龟鳖目共有七种海龟，它们大部分时间都生活在海洋中。雌性海龟只在陆地上产卵。这七种海龟均被评估为濒危、极危或易危物种，在世界范围内受到保护。

喙部尖锐。

壳上带有重叠的鳞片或鳞甲。

玳瑁

（学名：Eretmochelys imbricata）
玳瑁分布于印度洋、大西洋和太平洋的所有热带海域，以海绵动物、甲壳类动物、鱼类和藻类为食。
体长：0.9米
体重：86千克
保护状况：极危

棱皮龟是唯一一种软壳海龟。

喙尖端有两个齿突。

棱皮龟

（学名：Dermochelys coriacea）
棱皮龟又称革龟，分布于世界各大洋，只以水母为食。
体长：2.4米
体重：726千克
保护状况：易危

巨大的前鳍状肢，长度与体长相当。

壳上覆盖着
巨大的鳞甲。

相对体形而
言头很大。

蠵龟

（学名：caretta caretta）

蠵龟分布于印度洋、大西洋、
太平洋以及地中海的所有
热带海域，食性广泛，以无
脊椎动物、海星、海绵动物、
水母和鱿鱼等为食。

体长：0.9 米
体重：113 千克
保护状况：易危

前鳍状肢的前缘
带有小爪。

无牙的喙。

背部有五
行纵棱。

后鳍状肢比前
鳍状肢小一些。

用于游泳的
鳍状肢。

绿海龟

（学名：chelonia mydas）

绿海龟分布于世界各地的热
带和亚热带海域，幼年时为
食肉性动物，以软体动物、
水母和甲壳类动物为食，成
年后变为草食性动物，以海
草和藻类为食。

体长：1.5 米
体重：191 千克
保护状况：濒危

三角形的
后鳍状肢。

词汇表

浮游动物（Zooplankton）：指本身没有游泳器官或游泳器官很弱，只能随波逐流营浮游生活的一类动物。

浮游生物（Plankton）：在海洋和淡水中漂流的微小生物。

浮游植物（Phytoplankton）：指在水域中营浮游生活的微小海洋植物。

纲（Class）：生物分类学术语，用于描述具有共同特征的动物或有机体，在门和目之间。关于完整的动物分类系统，请参考本书p4。

喉囊（Gular pouch）：指某些鸟类喉部用来贮存捕获物的一个可扩大的囊状组织。

回声定位器官（Melon）：在动物学中，指的是齿鲸前额上的一个器官，用作发声器官和生物声呐。

界（Kingdom）：生物学分类的最高类别，五界可以代表所有生物。关于完整的动物分类系统，请参考本书p4。

鲸须板（Baleen plates）：生长在须鲸上腭的一种柔韧的物质，用于过滤水中的浮游生物。

鲸鱼尾鳍（Fluke）：指鲸类动物的尾。

科（Family）：生物分类学术语，用于描述具有共同特征的动物或有机体，在目和属之间。关于完整的动物分类系统，请参考本书p4。

漏斗（Hyponome）：位于头足类动物腹面，由外套膜演化而成的一个虹吸构造，既是排泄口，又是动物运动的推进装置。

门（Phylum）：生物分类学术语，用于描述具有共同特征的动物或有机体，在界和纲之间。关于完整的动物分类系统，请参考本书p4。

目（Order）：生物分类学术语，用于描述具有共同特征或特点的动物或有机体，在纲和科之间。关于完整的动物分类系统，请参考本书p4。

喷水孔（Blowhole）：鲸类动物头部上方的呼吸孔。

鳍足（Pinniped）动物：包括海豹和海象在内的一类食肉性海洋哺乳动物。

软骨的（cartilaginous）：多指未硬骨化或膜骨化的（骨骼）。

色素细胞（Chromatophores）：在头足类动物体内发现的一种含有色素的细胞或细胞群，用于改变颜色或图案。

生态系统（Ecosystem）：生物体的群落及其生存环境。

生物声呐（Bio sonar）：又名回声定位法（Echolocation），是指某些生物（如鲸类）发射声波，并利用感应反射回来的声波来进行物体定位的一种方法。

食物网（Food web）：生态系统中相互交错的食物链系统。

属（Genus）：生物分类学术语，用于描述具有共同特征或亲缘关系较近的动物或有机体，在科和种之间。关于完整的动物分类系统，请参考本书p4。

吻部（Rostrum）：在动物形态学中，指眼前至吻端之间的部位。

亚目（Suborder）：生物分类学术语，用于描述具有共同特征或特点的动物或有机体，在目和科之间。关于完整的动物分类系统，请参考本书p4。

营养级（Trophic levels）：在食物链（或食物网）中通过消耗从初级生物体向顶级捕猎者进行能量传递的等级。

鱼鳔（Swim bladder）：许多鱼类体内用来控制浮力的充满气体的器官。

种（Species）：生物分类的基本单位，用于描述具有共同特征的动物或有机体。关于完整的动物分类系统，请参考本书p4。

北京书中缘图书有限公司出品

www.booklink.com.cn

销售热线：（010）64906396